人人都会 RPA

用 WeAutomate 实现个人电脑办公自动化

胡 斌 编

上海交通大學出版社
SHANGHAI JIAO TONG UNIVERSITY PRESS

内容提要

本书共分为6章，内容包括RPA介绍、录制自动化流程、简单语法准备、流程控制、Office流程自动化和文件操作流程。全书内容从基础概念知识开始，深入浅出地介绍RPA软件的操作，通过中文版的RPA软件——华为WeAutomate软件的使用案例来介绍RPA流程自动化的运作模式，力求人人都会使用RPA软件。本书可以作为计算机应用学科的教材，也可供计算机工作人员参考使用。

图书在版编目（CIP）数据

人人都会RPA：用WeAutomate实现个人电脑办公自动化/胡斌编．—上海：上海交通大学出版社，2024.8

ISBN 978-7-313-29881-2

Ⅰ．①人…　Ⅱ．①胡…　Ⅲ．①办公自动化－应用软件　Ⅳ．①TP317.1

中国版本图书馆CIP数据核字（2023）第226831号

人人都会RPA：用WeAutomate实现个人电脑办公自动化

RENREN DOUHUI RPA：YONG WeAutomate SHIXIAN GEREN DIANNAO BANGONG ZIDONGHUA

编　　者：胡　斌　　　　地　　址：上海市番禺路951号

出版发行：上海交通大学出版社　　　　电　　话：021-6407 1208

邮政编码：200030

印　　制：武汉乐生印刷有限公司　　　　经　　销：全国新华书店

开　　本：787mm×1092mm　1/16　　　　印　　张：10

字　　数：203千字

版　　次：2024年8月第1版　　　　印　　次：2024年8月第1次印刷

书　　号：ISBN 978-7-313-29881-2

定　　价：78.00元

随着科学技术的不断发展，人工智能已经逐渐渗透我们生活的方方面面。在日常工作中，我们经常需要处理大量的、重复性的工作，这些工作不仅耗费我们的时间和精力，而且容易出现错误。为了提高工作效率和工作质量，越来越多的人开始关注自动化技术，其中RPA（Robotic Process Automation）作为一种新兴的技术，受到了越来越多人的关注。

RPA是一款智能软件，它可以模拟人类的行为，自动执行一系列规则化的业务流程，包括数据录入、文件处理、报表生成等。与传统的自动化工具相比，RPA具有更高的灵活性和可靠性，可以在不间断地运行中保持高效率和准确性。同时，RPA可以通过与其他系统的集成，实现更复杂的业务流程自动化。

本书是一本关于RPA软件WeAutomate使用方法的著作，以案例操作为主，旨在帮助读者快速掌握RPA的基本概念和使用方法。本书包括RPA介绍、录制自动化流程、简单语法准备、流程控制、Office流程自动化以及文件操作流程等内容。每一章都包含了大量的案例，可以帮助读者深入理解RPA的原理和应用。

本书共分为6章，第1章为RPA介绍，包括RPA是什么、RPA对我们有什么用、从安装RPA软件开始。第2章介绍录制自动化流程，包括录制网页操作、网络流程自动化控件和录制Windows应用程序操作。第3章介绍简单语法准备，包括变量和参数、常用的数据类型和操作运用数据。第4章介绍流程控制，包括分支选项结构、循环重复结构及分支和循环结构的综合使用。第5章介绍Office流程自动化，包括Excel自动化、Word自动化、PowerPoint自动化以及E-mail自动化。第6章介绍文件操作流程，包括文件的综合操作、文件基本操作。

目录
CONTENTS

第1章　RPA介绍

1.1　RPA简介

1.1.1　RPA的定义

RPA，英文全称为Robotic Process Automation，译为机器人流程自动化。RPA通过流程自动化软件，模拟人类在计算机中交互的动作，如通过模拟人工对键盘与鼠标的操作，来处理大量基于规则、重复、烦琐的流程任务，实现流程自动化。它能够根据相对稳定的操作规则，替代或辅助人工操作，实现7×24小时自动化运作，把人类从枯燥、烦琐的业务流程中解放出来，使人类能够去做一些更高价值的工作，同时大幅降低人类可能出现的差错率和操作风险。

RPA具有部署便捷、易使用、性能稳定、效率高等特性，可以有效修补企业实现数字化转型“最后一公里”断路场景，弥补传统软件开发造成的业务固定、无法灵活调整的问题。此外，RPA几乎可以应用于所有行业的重复性规则化电脑工作流程，使RPA软件成为一种强大而有效的工具。

1.1.2　RPA的发展历程

RPA应解决业务问题而生，因企业自动化需求而逐步发展壮大。我们可以将RPA的发展历程分为以下四个阶段。

第一阶段（1980—2000年）：批处理脚本和触发器。20世纪80年代，随着硅谷半导体产业的繁荣发展，硬件成本不断降低，这促进了办公计算机的普及，大量的企业办公流程也由传统的手工方式改为计算机处理。那时软件产业的代表性事件是微软的DOS和Windows操作系统先后诞生。DOS、Windows操作系统支持以命令行的方式逐条执行任务，因为部分流程包括若干个相互嵌套依存的任务，为方便流程的执行，批处理脚本（Batch Script）技术应运而生。生成的bat批处理脚本，通常用于执行定时开关系统、自动化运维、日志处理、文档的定时复制、文件的移动或删除等固定工作。那些采用手动或按计划任务启动的机制，可提供按日期、周期等多种方式触发规则来运行。这些程序严格来看并不属于典型的RPA程序，只是自动化处理的雏形。批处理脚本的缺点是构造简单，缺乏处理复杂任务的能力。例如，批处理脚本很难对文档的内容进行理解和分析。另外，批处理脚本难以应对流程处理中的异常情况，不够灵活，针对性不强。纯编码的开发方式门槛高，多由IT人员维护，又因为IT团队对业务场景的理解较弱，所以批处理流程大部分应用于偏计算机底层的自动化运维类流程，很少会触及业务经营流程。

第二阶段（2000—2015年）：VBA宏编程和BPM。自2000年以后，随着微软Office系列软件以及SAP、Oracle等ERP厂商的快速发展，大量企业对自动化处理又有了更多的要求。其中对效率追求最为迫切，最典型的是金融类企业。例如，金融类企业的往来业务会涉及的对账过程，如大小额支付、银联交易、人行往来、现金管理、POS业务、ATM业务、证券公司资金账户、证券公司结算等。以财务会计为代表的大量工作开始通过Excel、Word等软件进行操作，并且通过网络以电子化的方式进行传递。以全球四大会计师事务所为代表的企业，为了应对财会处理耗费大量人力的问题，催生了以VBA为代表的宏技术应用。VBA（Visual Basic for Applications）是基于微软的软件开发平台Visual Basic产生的一种宏语言，是在Windows桌面应用程序中执行通用自动化（OLE）任务的一类编程语言。VBA是典型的宏编程语言应用。宏（英文为Macro）由一些独立命令组合在一起，解释器或编译器在遇到宏语言时会进行解析，将这些小命令或动作转化为一系列指令。Lisp类语言也具有非常精巧的宏系统，其构建的语法结构能够提供非常强大的抽象能力和自动化运行机制。VBA主要用于扩展Windows的应用程序功能，尤其是微软Office软件中的功能，它可以很方便地将重复性的动作自动化。例如，对Excel中每个单元格的数据进行转录和格式调整等操作，这一操作功能一经推出就大受欢迎。与批处理脚本相比，VBA的特点是应用了可视化图形编程界面和面向对象的程序开发思路，开发效率相比于批处理脚本得到了大幅提升，其所开发的流程也比传统的批处理要复杂得多。Office 2000之后的版本在宏编程方面提供了一个非常好的创新功能，即“宏录制”功能，该功能的宗旨是降低宏脚本的编写门槛。之前，VBA脚本的编写需要很专业的计算机编程能力，很多功能（如报表文档修改、誊写的场景）如果直接使用VBA编写程序则会非常复杂，开发门槛比较高。“宏录制”功能将手工操作的过程逐一记录下来，变成一条条可执行的脚本，然后自动重复运行。现代RPA因为受该功能的启发也集成了录制功能。这个阶段的另一个里程碑事件是业务流程管理（Business Process Management，BPM）的提出。知名管理学大师迈克尔·哈默（Michael Hammer）和詹姆斯·钱皮（James Champy）在20世纪90年代末的成名之作《企业再造》（*Reengineering the Corporation*）中首次提出了BPM的概念，并在欧美企业界兴起了一股重新设计公司流程处理过程的风潮——通过分析、建模和持续优化业务流程的实践来解决业务难题，帮助公司实现财务目标。BPM从“事务+分析”的角度来连接公司的员工、过程、资源、服务，对企业原有的经营管理方式和流转过程进行重组和优化，运用BPM流程图进行透视管理，BPM与企业的办公自动化系统（OA）、管理信息系统（MIS）、企业资源计划（ERP）等都有密切协同。不难看出，BPM还只是对公司的流程进行梳理和优化，与智能化、机器人等并不相干，但是BPM对RPA的后续运用起到了铺垫作用，尤其是RPA实施环节——咨询和流程梳理，都是在BPM的基石上落地的。

第三阶段（2015—2018年）：RPA功能成型并投入应用。RPA产品的真正成型是从2015年开始的，UiPath、Application Anywhere、Blue Prism、NICE、WorkFusion等公司陆续推出产品，并获得了巨额的风险投资。这些企业的共同创新和努力形成了当前阶段主要的产品形态，涌现了核心创新理念。运用可视化流程拖曳设计，以及操作录制等技术，部分替代了传统方式依赖编程来构建机器人流程的方式。可视化Robots设计器极大地降低了RPA的使用门槛，让更多的普通白领用户也能够根据自己的实际工作流程来制作RPA软件机器人，促进了RPA在产业中大范围地应用。此外，控制众多机器人进行任务分配和管理的调度系统也应运而生，结束了传统单机运行的简单流程，RPA开始向大型多任务管理方式转变，其可靠性得到了大幅提升，能够从事的流程也变得更多、更复杂。带有复杂控制调度系统的RPA成功地在大型商业银行、保险公司以及政府机构应用并赢得了市场的青睐，这又进一步促进了RPA行业的繁荣发展。

第四阶段（2019年至今）：RPA的广泛认可和智能化发展。2019年，Gartner公布了影响企业未来发展的十大关键技术，RPA荣登榜首。Gartner着重介绍了RPA作为企业数字化转型的重要工具，对增强企业的竞争优势具有至关重要的作用。2019年5月，UiPath获得了5.68亿美元D轮融资，估值达70亿美元，成为全球人工智能领域估值最高的创业企业，这也证明了RPA已经受到了行业的广泛关注。2019年，对国内创投圈来说也可称得上是当之无愧的“RPA元年”，RPA领域的初创企业无不受到全行业的格外关注，国内各类RPA企业纷纷推出产品抢占市场，各行各业也开始拥抱RPA技术，采购RPA产品进行试点应用。与此同时，随着以深度神经网络为代表的新一代人工智能技术的发展，RPA纷纷与各类人工智能技术进行融合，试图突破传统RPA只能从事简单重复流程的桎梏，转而从事更复杂、更有价值的工作。这其中有两项技术极为关键：计算机视觉技术和自然语言处理技术。RPA软件机器人在操纵软件界面时，需要认清并准确定位界面上的元素位置。例如，RPA软件机器人如果想要模仿人类控制鼠标“点击”某个ERP软件里的按钮，则往往需要借助按钮的视觉特征，如边框、区域、位置，以及按钮上的文字，来定位点击（Click）坐标。这个过程需要借助计算机视觉技术。近年来，计算机视觉技术的飞速发展使这些类似的操作实现变得更加便捷，这就使日常办公的大量操作，如点击、填写、修改、上传、下载以及对文件中图文内容的处理都能实现自动化，这又进一步有力地拓展了RPA的使用场景。自然语言处理（NLP）也是另一项至关重要的人工智能技术。我们日常办公中90%以上的操作是与文档资料息息相关的，这些操作包括阅读、归纳、审核、推理、写作等。自然语言处理技术让计算机能像人类一样读懂并理解人类文字的含义，从而能够对文档进行处理。例如，RPA想要像财务经理一样审核某个财务报表里的数据是否完整和正确，那么它就要能够“看得懂”文档里的句子，并理解句子中提到的数据的含义，进而根据财务知识来核算数据钩稽关系，判断数据是否存在问题。如果NLP系统足够强大，还可以像人类一样将所发现的问题汇总后写成一篇报告。由此可见，上述复杂的操作任务必须依赖自然语言处理技术作为其核心模块来发挥作用。

科技的发展具有其内在的规律，RPA技术是现代社会信息化发展到一个新阶段的标志，是计算机软硬件发展到一定程度之后的产物，目前正在进入繁荣发展和大规模产业应用的阶段。我们期待随着物联网、5G、人工智能等技术的快速发展，RPA将不断进化并进入新的发展阶段。

1.2 RPA 的作用

RPA可以通过让机器人执行制定好的流程，释放人力资源，提高工作效率；RPA适合做有规则、高度手工及重复、成熟稳定、高频率的业务流程；RPA能够打破信息孤岛，将业务流程串接，形成业务闭环，以较高的效率、较低的出错率完成工作任务。在不断增长的IT需求和有限的IT资源投入面前，RPA能够以较少的投入、更快的部署上线。RPA能解决业务上的部分需求，而且后续应用的修改和运维工作也相当便捷。同样的业务如果换成传统的软件开发模式进行，开发周期会成倍增加。我们围绕工作中的痛点、难点，发掘场景，将重复性的工作交给机器人，释放自己，会让工作变得更加具有创造性。

1.2.1 RPA 软件有什么用途

RPA应用场景的主要特点：商业环境不断变化。企业需要不断发展其产品、生产、营销等流程，以使其成长并保持相关性。典型的企业使用多个不相连的IT系统来运行其业务。随着业务流程的更改，由于预算、时间和实施复杂性问题，这些IT系统不会经常更改。因此，业务流程不会映射到IT系统中的技术流程。为了克服这种技术和组织上的债务，企业雇用了人力来填补系统和流程之间的空白。例如，某公司对销售流程进行了更改，因此需要强制性收取50%的预付款来确认其产品的预订。但这尚未在IT系统中进行编码。仅当提前50%时，才需要人工检查发票和付款明细并处理销售订单。随着业务流程的变化，公司将需要雇用新员工或培训现有员工以绘制IT系统和业务流程。这两种解决方案都是耗时和耗金钱的。此外，对于任何后续的业务流程变更，也将需要雇用新员工或重新培训现有员工。如果流程发生变化，与再培训数百名员工相比，更改几行软件代码更快、更便宜。

RPA可以按照事先约定好的规则，对软件进行鼠标点击、键盘敲击、数据处理等操作。原理就是借助一些能够自动执行的脚本来完成一系列原来需要人工完成的工作。这些脚本可能是某些工具生成的，它可以应用在以下领域。

（1）财务机器人。例如，对于会计部门来说，员工每月都有交通费、差旅费、宴请费等各种单据需要报销，会计部门需要对这些费用进行整理、收集、精算甚至录入公司的管理系统，还要把汇总结果录入税务部门的系统，或者和工资明细等进行合并，工作烦琐且容易出错。

使用RPA软件及方案，RPA机器人就可以自动识别单据类型、费用、特定员工信息，自动输入公司的管理系统、税务系统，减少人工错误、确保零失误、提高效率、大幅降低运营成本。

（2）跨系统业务报表，自动生成，自动发送。RPA机器人以非侵入的方式采集跨平台跨系统数据（包括网银交易系统、网银系统后台数据库、运行计算机性能数据和其他业务系统），定制化生成报表报告，所需数据一目了然。

（3）企业数据挖掘。每个行业随着消费者多样化的消费需求，对数据精细化挖掘的需求也变得愈加强烈。数据挖掘动辄上万、十万，甚至百万级的数据需要去收集。收集的数据来源多种多样，且没有标准API（应用程序接口）可以调用。使用RPA机器人可通过自动化操作网页、应用，抓取相关信息、为数据挖掘提供了大量的输入，帮助企业更及时、精准地作出决策。

（4）汇总账务。银行必须确保其总分类账更新所有重要信息，如资产、负债、收入和支出。该信息用于编制银行的财务报表，然后由公众、媒体和其他利益相关者访问。考虑到从不同系统创建财务报表需要大量详细信息，确保总分类账没有任何错误非常重要。RPA的应用有助于从不同系统收集信息、验证信息并在系统中进行更新而不会出现任何错误。

（5）报告自动化。银行必须准备一份关于其各种流程的报告，并将其提交给董事会和其他利益相关者，以显示其业绩。考虑到报告对银行声誉的重要性，确保其没有错误非常重要。RPA可以从不同来源收集信息、验证信息，以可理解的格式安排信息，帮助银行准备数据准确的报告。

（6）账户操作流程。银行每月都会收到关闭账户的请求。有时，如果客户未提供操作账户所需的证明，也可以关闭账户。考虑到银行每个月需处理大量的数据以及他们需要遵守的清单，人为错误的范围也会扩大。银行可以使用RPA向客户发送自动提醒，要求他们提供所需的证明。RPA机器人可以在短时间内以100%的准确度基于设置规则处理队列中的账户关闭请求。

（7）非入侵式跨系统沟通。在项目实施过程中需要两个系统之间数据的对接，在没有接口的情况下，机器人可以实现两个系统之间的数据传递，节约接口成本。通过RPA模拟对方系统登录操作，复制查询获取到的数据，将数据录入我方系统，对于实时性要求不高的数据可以使用RPA实现数据对接。

事实上，并不是所有的业务流程都适合用RPA来实现，要选择RPA来实现是有一定条件的，它适合于重复的、有规则的、稳定少变的流程。

（1）重复的。RPA适合的流程必须是高重复性的，因为开发一个流程本身就需要相当多的时间和成本，如果一个流程只是一次性的或者使用频率极低，那原本的人工成本等也就显得不太重要了。相反，如果一个流程是高重复性的，那原本的时间成本和人工成本就显得非常重要，而且这个RPA发挥的重要作用也就更加明显。另外，这样也可以在最短时间内搜集到足量的测试数据，缩短我们的开发周期。

（2）有规则的。RPA适合的流程必须是有一定规则的，如果一个流程毫无规则，需要人为进行主观判断操作，那它本身是不适合用RPA实现的，因为机器人做不到主观判断。当然，目前借助AI技术，我们确实可以实现一部分的判断，如OCR文字识别、语音识别、人脸识别等，但是在大多数情况下，我们还是需要一个规则的流程。

（3）稳定的。RPA最常操作的就是各种软件、客户端或者浏览器（某个网站），我们需要页面的元素去定位要操作的组件，如果用户界面经常发生改变，那流程也要跟着改变，这样就会加大流程的维护成本，或者如果一个流程本身的业务顺序也是经常改变的，那它同样不适合用RPA来实现。

1.2.2 运行 RPA 有什么优势

采用RPA的优势主要有以下几点。

（1）效率高：RPA对劳动密集型任务，处理时间从几周缩减到几分钟，操作效率大大提高了。

（2）成本低：和人工成本相比，RPA实施成本低，维护成本依赖于运行环境，整体成本比人工成本要低得多。

（3）速度快：RPA处理重复性工作的速度比人工快得多，而且 RPA 实施的速度也比其他软件开发要快。

（4）态度优：和人相比，RPA 可以 7×24 小时不间断工作，而且不闹情绪，态度始终如一。

（5）准确性：提供最大限度的准确性，RPA可毫无错误地执行任务，每次皆可达到100%的准确性。

（6）安全性：RPA可通过职责分离、存取控制，以及铜墙铁壁般的加密与架构，实现前所未有的安全性。

（7）合规性：RPA的一项特长就是遵守规则。

（8）非入侵式技术部署：所谓非侵入性，指的是独立于现有系统，无须对现有系统进行改造或开发接口，无须系统集成，不会破坏企业原有的IT架构。

1.3　安装 RPA 软件

RPA未来的前景向好，行业发展需求巨大。在接受调查的企业中，2019年只有25%的企业将 RPA 作为企业战略中的一部分，而到 2020年，这一数据提升至 44.4%。同时大约 52%的中小型企业认为 RPA 技术将改变企业的运营方式。RPA 作为新兴技术已经越来越普及，企业部署 RPA 的意愿也越来越强烈。在如此强大的需求下，必将衍生出庞大的 RPA 市场，未来熟练掌握 RPA 技术，必将在职场中占据重要位置。

一直以来，在我们的眼中IT技术都是很难理解的，它包含了多种计算机语言、多种程序开发，有时候一个小小的需求就需要IT工作者成千上万的代码输出，虽然工资高，但是它的难学、难用都让我们望而却步。而 RPA 软件不同，RPA 软件工具只需要进行简单的可视化拖曳即可，操作简单直观，并且还可以集成丰富的控件，对于一般 IT 工作者来说，RPA 的开发技术更容易上手。

1.3.1　RPA 软件平台

典型的RPA软件平台至少应包含开发工具、运行工具、控制中心三个部分。

1. 开发工具

开发工具主要用于建立软件机器人的配置或设计机器人。通过开发工具，开发者可以为机器人执行一系列的指令和决策逻辑进行编程。

就像雇用新员工一样，新创建的机器人对公司的业务或流程一无所知。这就需要我们在业务流程上培训机器人，然后才能发挥其特有的功能，提高工作效率。大多数开发工具为了进行商业发展，通常需要开发人员具备相应的编程知识，如循环、变量赋值等。不过，目前大多数RPA软件代码要求相对较低，这使得一些没有IT背景但训练有素的用户也能快速学习和使用。

RPA 软件开发工具里还包括以下工具。

（1）记录仪：也称为“录屏”，用以配置软件机器人。就像Excel中宏的功能，记录仪可以记录用户界面（UI）里发生的每一次鼠标动作和键盘输入。

（2）插件/扩展：为了让配置的运行软件机器人变得简单，大多数平台提供了许多插件和扩展应用。

（3）可视化流程图：一些RPA厂商为方便开发者更好地操作RPA开发平台，会推出流程图可视化操作。例如，UiBot开发平台就包含三种视图，即流程视图、可视化视图、源码视图，分别对应不同用户的需求。

2. 运行工具

当开发工作完成后，用户可使用该工具来运行已经开发好的软件机器人，也可以查阅运行结果。

3. 控制中心

控制中心主要用于软件机器人的部署与管理，包括开始/停止机器人的运行、为机器人制作日程表、维护和发布代码、重新部署机器人的不同任务、管理许可证和凭证等。当需要在多台PC上运行软件机器人时，也可以用控制器对这些机器人进行集中控制，如统一分发流程、统一设定启动条件等。

我们将要使用的华为RPA平台软件，叫作WeAutomate，由Studio（设计器）、Robot（执行器）、Management Center（管理中心）组成。类比为电影编剧、导演和演员的关系。

Studio根据项目需求，设计和实现RPA自动化脚本（类似编剧设定场景和对白）。Robot负责执行Studio设计好的自动化脚本（类似演员根据剧本完成表演）。Management Center负责调度和编排各个自动化脚本（类似导演现场调度演员的表演）。

（1）Studio：RPA机器人设计工具，为用户设计机器人业务流程。Studio是基于Python语言的流程自动化设计器。用户只需要掌握基本的编程知识，即可快速设计和编写自动化工作流程。在Studio中，可以使用内置录制器或拖放活动，以可视化的方式构建自动化流程。Studio自带Robot功能，可以方便地在Studio中通过图形化界面触发业务流程的执行。

（2）Robot：RPA执行机器人，用于业务流程的自动化执行。Robot可以执行本地计算机的自动化流程包，也可以接收Management Center的命令执行相应的自动化流程包。自动化流程包由Studio设计和发布。Robot就是一个计算机助手，随时待命执行编排好的流程。

（3）Management Center：Management Center是一个集中调度、管理和监控所有Robot的平台。Management Center也是存储可重用组件、资产，以及进行任务管理和配置执行器的地方。Management Center提供低代码App开发平台，可以很方便地设计人机交互的场景。

1.3.2 WeAutomate的下载和安装

下载安装使用WeAutomate有两种场景。

1. 安装 Studio

需要进行流程的设计工作时，安装Studio，Studio中自带Robot。设计和执行都从Studio的GUI中驱动，Robot对用户不可见（这是我们推荐的使用方法，对用户更友好），我们只需要下载安装Studio即可。

2. 不安装 Studio

主要进行流程的自动化运行，偶尔需要微调，不安装Studio，只安装Robot。Robot可以直接执行Studio发布的自动化脚本。一般在自动化脚本已经测试完成的情况下，直接将脚本部署在安装有Robot的环境下即可。

当然，一台计算机也可以同时安装设计器和机器人，设计器负责设计流程，机器人可以模拟运行和调试环境。

Studio注册和下载安装步骤如下。

登录下载网址（需用华为账号登录）https://www.hwtelcloud.com/products/rpa。

下载链接中的设计器，完成后解压，双击安装即可，如图1-1所示。

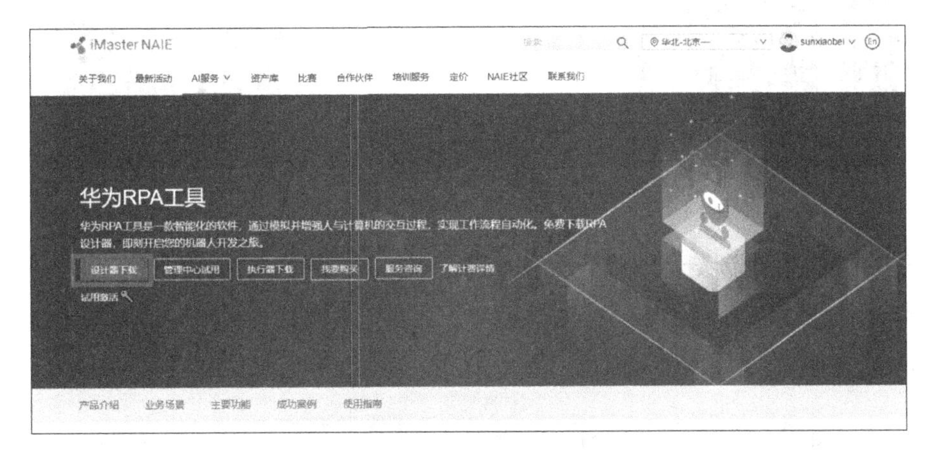

图 1-1　华为 RPA 工具

安装完毕的Studio需要激活。第一次打开软件时，可以通过输入下载时的华为账号进行激活。也可以打开软件，在软件左侧工具栏中找到“设置”—“许可”—“复制ESN”，如图1-2所示。

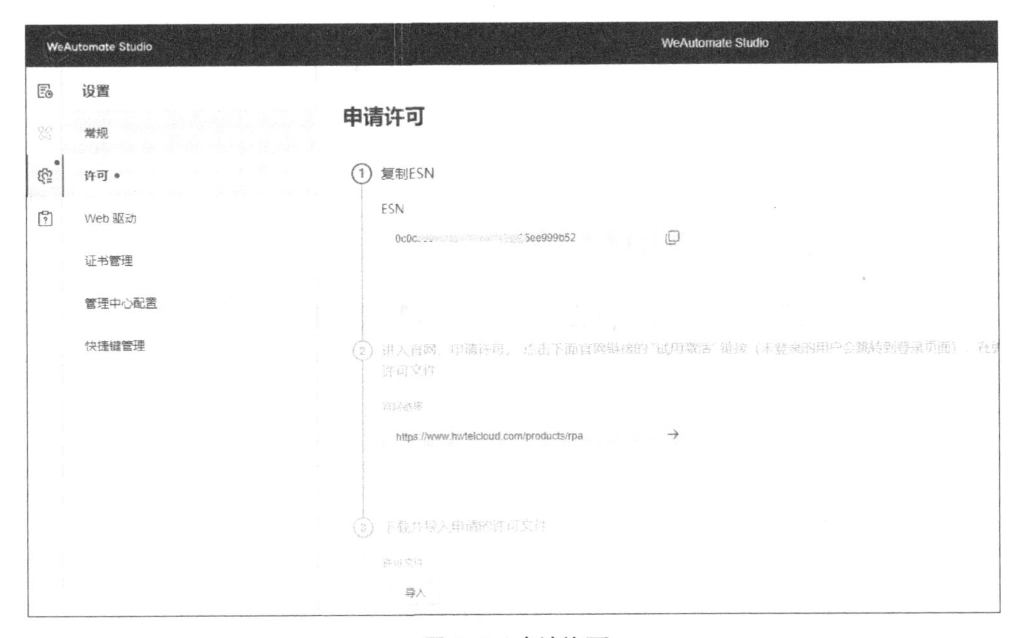

图 1-2　申请许可

按照步骤进入下载的页面下载许可文件并导入，选择下载的bin许可文件即可完成激活，如图1–3所示。

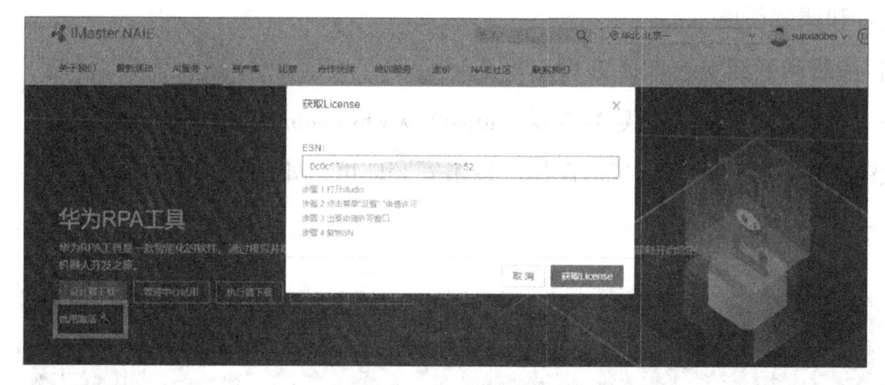

图 1–3　激活

接下来，为了保证浏览器的录制功能，我们需要安装浏览器插件。谷歌/IE/Safari浏览器的插件会根据操作系统的类型自动安装完毕。如果上面默认是关闭，请点击详情，开启插件，如图1–4所示。

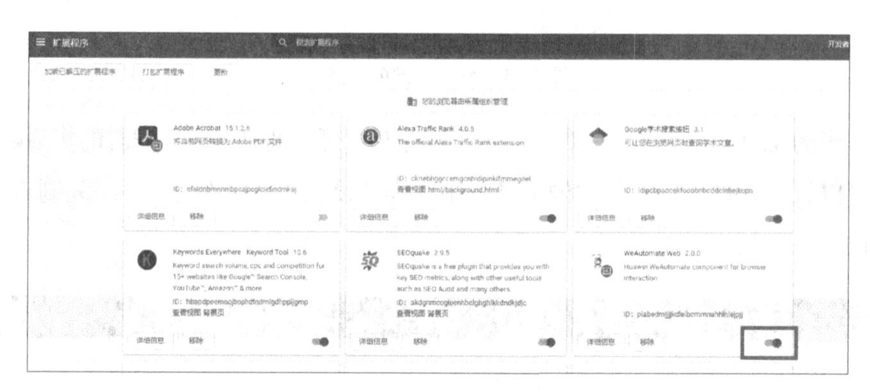

图 1–4　扩展程序

再看看其他浏览器的插件是否需要安装，在Studio中找到“设置”—“Web驱动”，下载安装，导入下载的Zip驱动文件即可，如图1–5所示。

图 1–5　导入 Web 驱动

此时，设计器就完成了安装和配置，可以开始工作了。

工作区概览如图 1-6 所示。

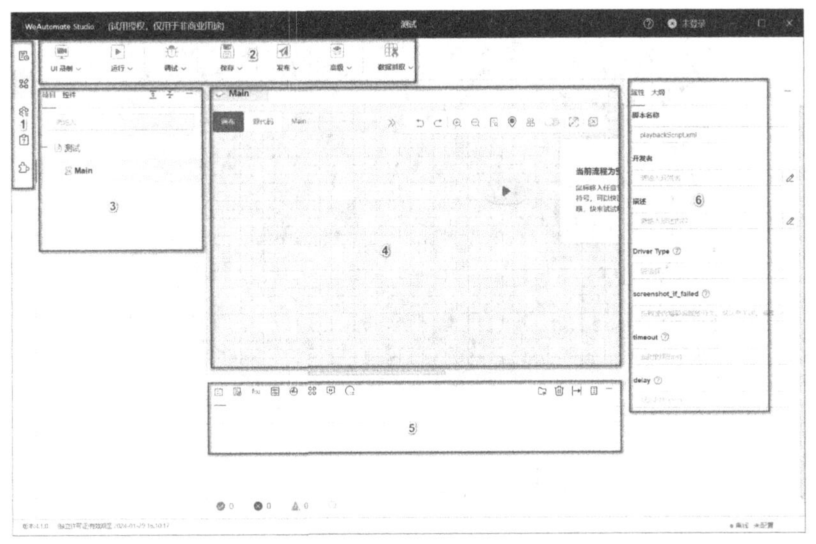

图 1-6　工作区概览

（1）导航栏：有开始、设计、设置、帮助四个图标。

（2）菜单栏，快捷键区域。

（3）项目区，控件区。

（4）脚本编辑区，图形化展示，源代码编辑。

（5）日志区，显示变量，参数。

（6）控件属性和使用帮助。

3. Robot 安装和配置。

（1）Robot 下载和安装。

下载地址 https://www.hwtelcloud.com/products/rpa。

下载页面如图 1-7 所示。

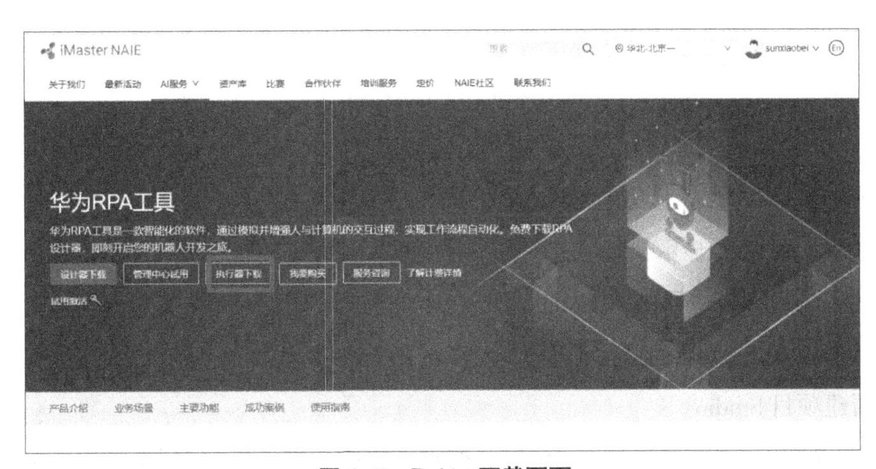

图 1-7　Robot 下载页面

解压后，双击【install.bat】进行安装，如图1–8所示。

图 1–8 解压安装 Robot

点击【agent.bat】即可运行Robot。

（2）Robot界面。

Robot界面如图1–9所示。

图 1–9 Robot 界面

① 菜单栏：包括状态、设置和日志。

② 正在执行：主要显示执行状态时的脚本信息。

③ 本地脚本列表：主要显示Studio发布在本地的脚本信息。

4. RPA 自动化 HelloWorld。

（1）新建项目Studio。

选择“开始”—“新建项目”，在打开的对话框中，输入项目名称、路径等信息，如图1–10所示。

图1-10 新建项目

拖曳一个消息控件，设置控件属性，Value值设置为“HelloWorld”，注意引号是英文，如图1-11所示。

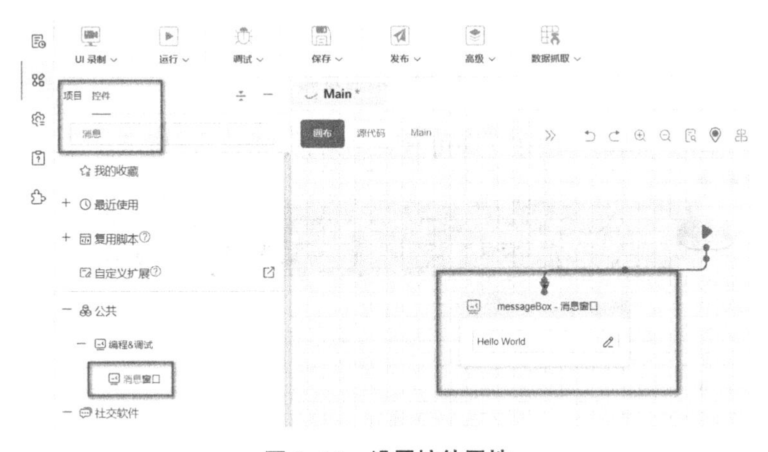

图1-11 设置控件属性

单击顶部“运行”按钮，如图1-12所示。

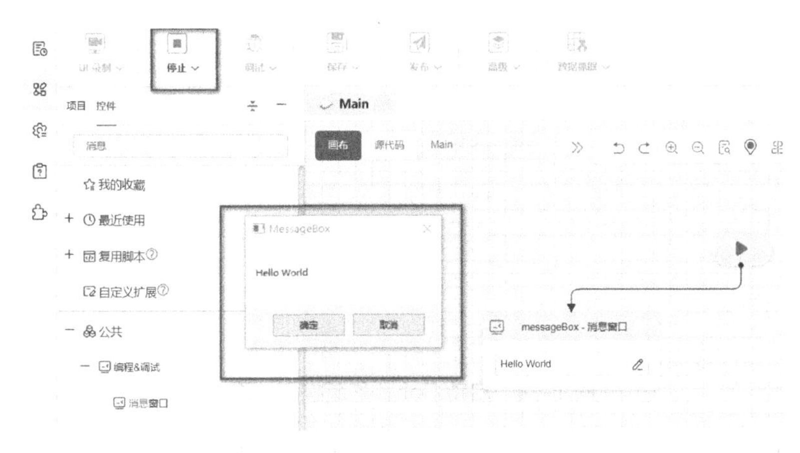

图1-12 运行程序

（2）项目发布 Studio。

单击顶部“发布”按钮，如图 1–13 所示进行发布。

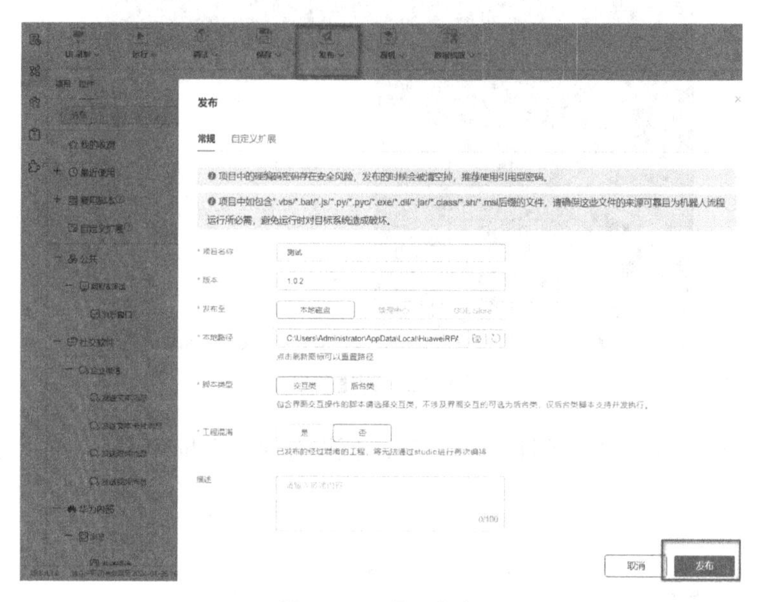

图 1–13　项目发布

启动 Robot，单击“刷新”按钮，即可看到结果，如图 1–14 所示。

图 1–14　启动 Robot 刷新按钮效果

新发布的脚本会有警示符号，单击“信任”即可，如图 1–15 所示。

图 1–15　警示符号

单击“执行”按钮，如图1–16所示。

图 1–16　执行

第2章　录制自动化流程

WeAutomate有一个很有意思的功能，即UI录制。UI是电脑用户界面的意思。UI录制就是可以记录我们在计算机上的操作，然后WeAutomate会自动重复我们的操作。本章主要介绍WeAutomate的UI录制器使用方法。

一般来说，我们需要按照以下步骤录制RPA软件的UI操作。

（1）打开RPA软件并进入要录制的计算机界面。

（2）确定要录制的操作过程，包括输入数据、执行操作和输出结果等。

（3）单击“开始录制”按钮，启动录制过程。

在录制过程中，用户可以暂停、重复或继续执行操作，以便观察操作的执行过程和结果。录制完成后，用户可以将录制的结果进行编辑和整理，以便进一步分析和学习。WeAutomate软件主要用于录制网页的操作和可执行程序的操作，我们通过以下两个案例来看看WeAutomate是如何记录操作过程并重现的。

2.1　录制网页操作

在WeAutomate软件左上角，单击“UI录制”按钮中的下拉按钮，我们会发现UI录制提供了三种方案供用户选择，分别是“录制并生成功能块”“清空并录制”和“新建子脚本并录制”，如图2–1所示。录制并生成功能块是在当前脚本的基础上新增录制功能块，对原脚本做一些补充开发。清空并录制是清空当前脚本，用于录制新内容替换当前脚本内容。新建子脚本并录制是将脚本录制到新建的子脚本，用于开发独立的新功能或录制新的脚本来辅助当前开发。

图2–1　UI录制提供的三种方案

单击“UI录制”图标，会弹出“录制器”的对话窗口，如图2–2所示。

录制器分为上下两个部分，上部分是操作区，有5个按钮，下面依次对这5个按钮的名称和功能进行介绍。

（1）录制开始/暂停：开始录制所有的键盘和鼠标操作，翻译成控件。

（2）保存并退出：录制完成后，退出录制并保存成一个脚本。

（3）重新录制：放弃之前的录制过程，重新开始录制。

（4）启动浏览器：对网页的操作必须从这里启动浏览器，不能自行打开浏览器。

（5）快捷新建子脚本：如果步骤较多，可以单独建立一个功能脚本。另外，在录制过程中需要用到参数时，如用户名和密码，可以快捷新建参数变量，进行临时设置。

下部分是显示区，录制的鼠标操作、键盘操作等步骤控件均显示在该区。

图 2-2　录制器

【案例2.1】录制从网页上下载华为WeAutomate软件的流程（图2-3）。

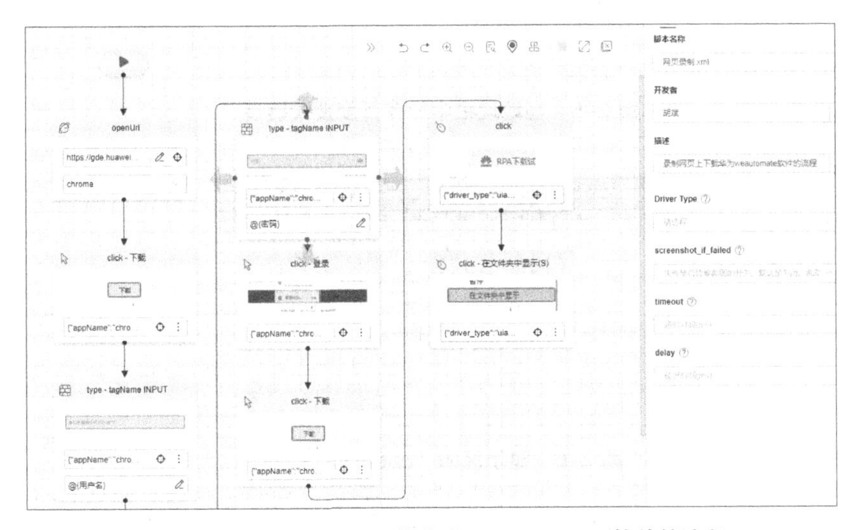

图 2-3　录制从网页上下载华为 WeAutomate 软件的流程

操作步骤如下。

（1）创建脚本，命名为"网页录制"，"开发者"和"描述"中的内容选填，如图2-4所示。

图 2-4　创建脚本

（2）单击“UI录制”按钮，选择录制方案，在弹出的“录制器”对话框中，单击“启动浏览器”按钮，下面会出现一个地址栏，我们补齐百度搜索的链接“https://baidu.com”，如图2-5所示，敲回车键后，会自动打开默认浏览器并打开百度的页面待用。录制器的显示区会出现第一个控件“openUrl”，如图2-6所示。

图 2-5　在地址栏中补齐百度搜索链接

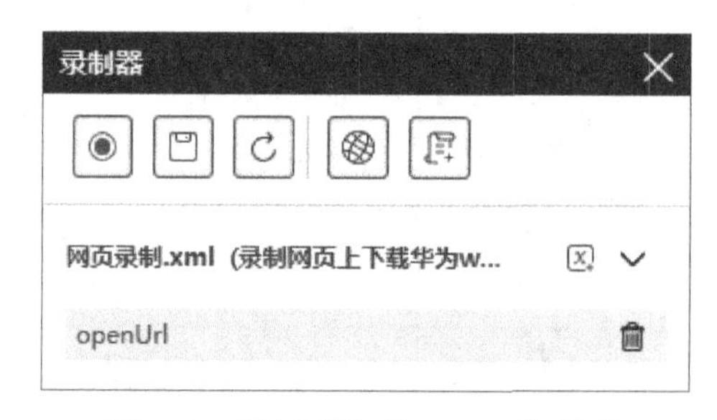

图 2-6　显示区的“openUrl”控件

此时，我们还没有开启录制。在百度中先搜索“华为gde”，找到华为低代码平台网页，搜索“华为WeAutomate RPA”产品主页，进入“立即试用”的下载页面，将此时的网页链接复制下来，如“https://gde.huawei.com/#/group/weautomate_rpa/weautomate_rpa_download?type=download”。此时，我们发现最终要打开的页面其实就是这个产品下载页面，因此我们对脚本进行修改。单击右侧的垃圾桶图标，将图2-6中的“openUrl”删除，再次单击“启动浏览器”按钮，将前面复制的产品下载页面链接复制到这里，如图2-7所示，这才是我们的第一步。虽然前面的搜索步骤不可或缺，但我们今后运行脚本时并不需要反复去搜索，所以删除搜索的控件，确保自动化流程中没有多余步骤。

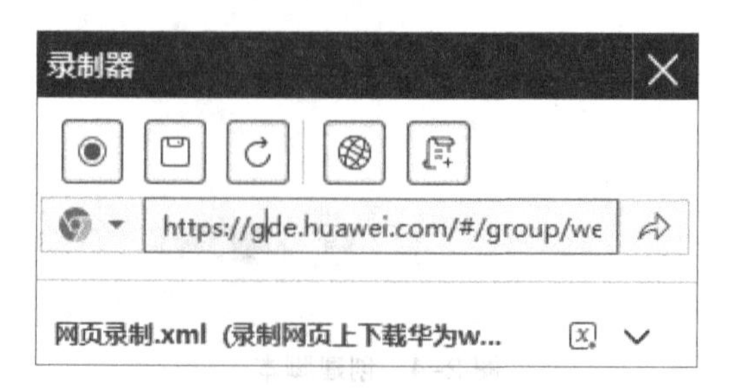

图 2-7　复制产品下载页面

（3）单击“开始录制”按钮，在网页中单击“下载”按钮，会发现按钮周围有一圈蓝色光圈，悬停鼠标可以选择鼠标操作的类型，默认是“单击”，如果要进行双击或者右击等操作，就需要选择这些操作，如图2-8所示。

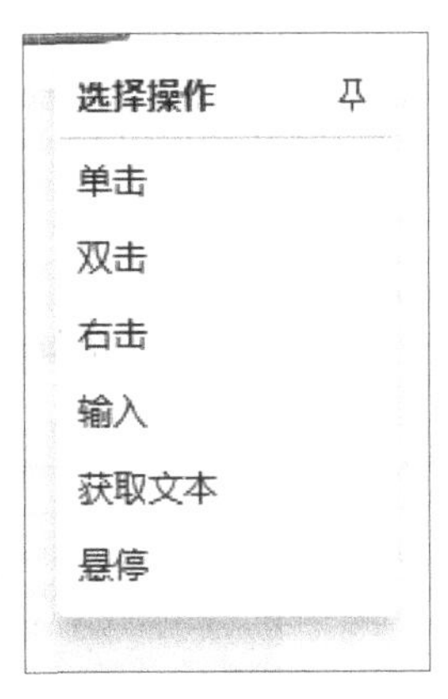

图 2-8　选择操作

（4）在出现的用户登录页面，我们可以临时设置用户名和密码的参数值。单击“创建变量”按钮，设置我们事先注册好的用户名和密码，注意密码需要设置为“全局参数”的“Sensitive”类型，如图2-9、图2-10所示。

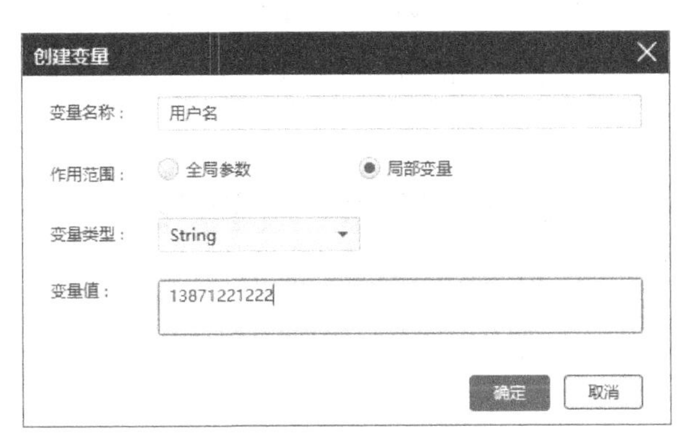

图 2-9　设置用户名和密码

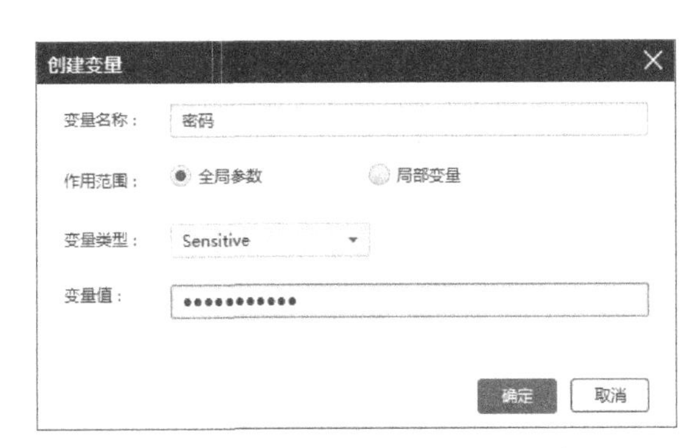

图 2-10　设置“全局参数”的“Sensitive”密码

在“用户名”和“密码”输入框中，输入变量“@{用户名}”和“@{密码}”，如图2-11、图2-12所示。

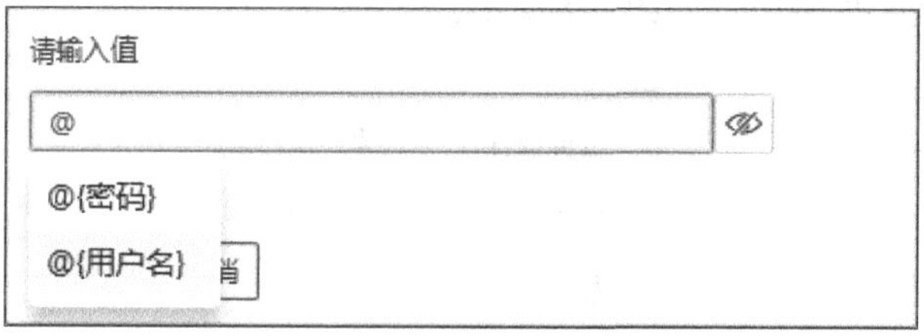

图 2-11 输入变量“@{用户名}”

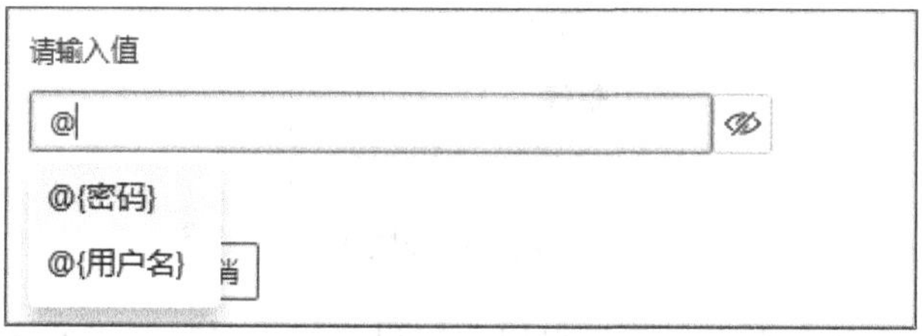

图 2-12 输入变量“@{密码}”

（5）在整个录制过程中有任何与网页操作无关的操作，我们都要暂停录制流程，或者整理显示区中的控件将其删除。接下来我们就可以单击“登录”按钮，此时，显示区增加了“click”控件，继续单击“下载”按钮，开始下载软件。这时录制器的外观如图2-13所示。

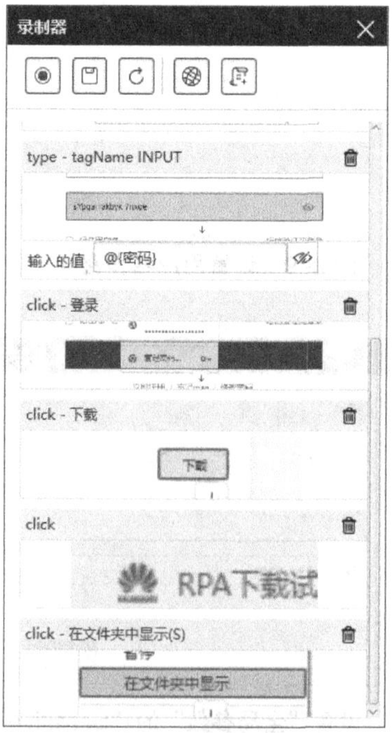

图 2-13 录制器的外观

（6）单击“保存并退出”按钮结束录制，返回设计器界面，录制过程变成一个语句块，如图2–14所示。

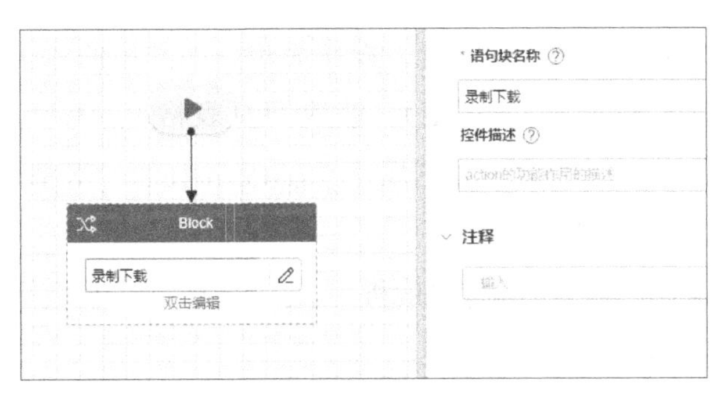

图 2–14　语句块

（7）双击语句块图标可以进入其内部对控件进行调节，如图2–15所示。

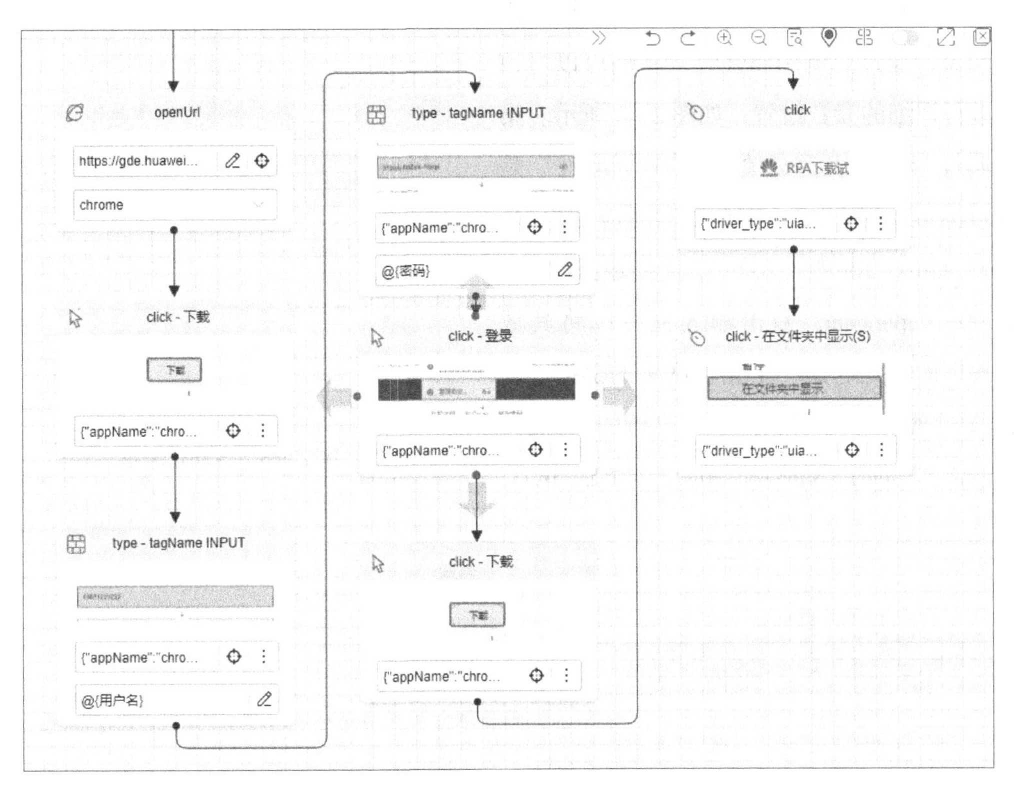

图 2–15　在语句块内部对控件进行调节

这些控件是录制器自动添加的控件，也可以手动添加。手动添加控件的方法，我们在后续章节进行详细讲解。

（8）单击软件工具栏中的“运行”按钮或者按快捷键“Ctrl+F10”，运行脚本观察运行结果。浏览器自行启动，并重复之前录制的所有操作，下载了安装文件后，我们在下载目录中可以找到。

2.2 网页流程自动化控件

打开设计器，在控件栏“UI自动化”分类中，可以看到Web应用自动化的一系列控件。网页自动化的操作命令功能齐全，操作简单，如常用的鼠标点击（click）、输入文本（type）、获取元素文本（getText）、获取网页表格（getTable）、网页数据拾取（extractWebData）、获取网页中特定元素的属性（getControlInfo）等都可以互相衔接起来，为实际开发起到至关重要的作用。

我们借助上一节录制的自动化程序来解析一下我们到底做了什么操作，学习如何使用控件来操作网页，如图2–16所示。

单击图2–16中图标四周的箭头，来添加下一步控件。

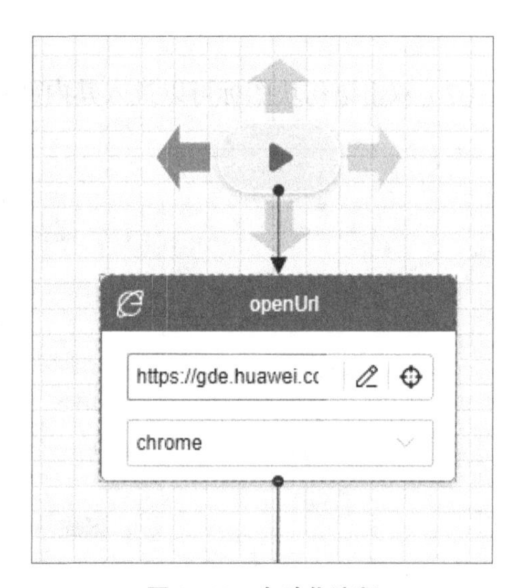

图2–16 自动化流程

第一个控件叫“打开网页”，用来打开指定的网页，通过右侧的属性栏，我们可以对该控件进行详细的参数设置，如图2–17所示。第一个属性带星号表示必填项，“网页地址”是设置目标url网页链接，需要填写对应的协议，如http、https、file等，不可以直接输入网址，如www.example.com。双击输入框可以将其放大，我们能看到它是一个完整网页的链接。在“浏览器类型”下可以选择系统支持的浏览器，如Chrome、Firefox、Microsoft sedge、360SE、IE。

图2–17 选择系统支持的浏览器

在“最大化打开网页”下面的箭头处单击，可以继续添加下一步流程控件。本例中第二个控件叫作“鼠标单击网页元素”，用于在网页上模拟鼠标单击操作，如图2-18所示。其中，“目标元素”是关键参数，我们一般通过单击输入框旁边的“瞄准镜”按钮来确定单击的对象。“模拟人工点击”参数默认值为False，当设置为True时，则可以看到鼠标的操作轨迹。“等待页面加载”参数执行操作前，等待页面的加载策略。complete：等待页面加载完成；loading：不等待页面加载完成。为空时默认为complete。

图2-18　在网页上模拟鼠标单击操作

“瞄准镜”按钮又称UI Selector定位器。UI Selector是Studio内置的获取网页元素的工具。可以在网页控件及其属性面板中找到UI Selector的拾取按钮和编辑按钮。用户可以通过元素拾取按钮在网页中选择任意目标元素，目标元素的选择器详细信息可以在target属性或源代码中查看。UI Selector会在选择元素后自动回到画布。如未选择任何元素，可按ESC键退出并返回画布。通过拾取按钮拾取网页元素时，对于二级菜单，往往需要点击主菜单才能展示。若从Studio上点击拾取按钮，二级菜单又会隐藏，最终导致我们无法拾取二级菜单。对于这种场景，我们可以使用延迟拾取功能。用户直接点击拾取按钮，和先前功能一致，然后用户设置延迟时间，按下快捷键“F2”，开启倒计时。倒计时内，用户操作不会被拾取，如图2-19所示。编辑按钮的编辑器有两种模式：代码模式和树模式。编辑按钮默认为代码模式。

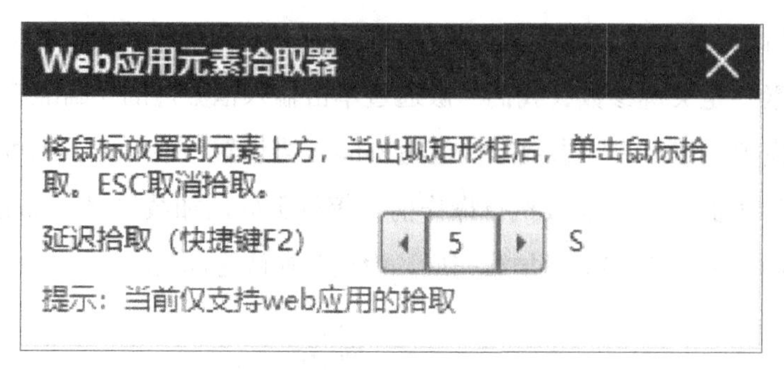

图 2-19　Web 应用元素拾取器

下一个控件叫“在网页中输入文本”，如图2-20所示。“输入位置”同样使用拾取器在网页上拾取输入框，“输入前清空”是输入前是否清空文本框，不填默认清空再重新输入。“输入内容”是要输入的内容，如果是敏感数据，请使用参数来赋值，并将参数类型设置为Sensitive，本例使用“@{用户名}”来引用变量的值。

图 2-20　“在网页中输入文本”控件

其实，网页操作就是上述几个控件，使用鼠标点击，键盘输入，完成操作任务。可以在左侧的控件栏中找到所需的控件，如图2-21所示，“Web应用自动化”有浏览器相关的控件，还有键盘、鼠标和表格之类的相关控件。通过这些控件，我们可以在网页中完成绝大部分操作任务。

图 2-21　控件

2.3　录制 Windows 应用程序操作

我们还可以录制应用程序的流程。我们尝试打开计算器并计算123+456的结果，然后关闭它。

【案例2.2】打开计算器计算结果。

操作步骤如下。

（1）创建脚本，命名为“录制计算器”，“开发者”和“描述”中的内容选填，如图2-22所示。

创建脚本

脚本名称

录制计算器

开发者

请输入开发者

描述

录制打开计算器并计算的流程

13/100

取消 确定

图 2–22 创建脚本

（2）单击“UI录制”按钮，选择录制方案，在弹出的“录制器”对话框中，直接单击“开始录制”按钮，记录后续的所有操作。接下来需要做的就是打开“开始”菜单，找到计算器并单击，然后在计算器中输入123+456，单击“等于”按钮得到结果。在计算器的结果栏中，将鼠标悬停片刻，在“选择操作”中选择“获取文本”。关闭计算器，继续打开“开始”菜单，找到记事本程序，打开后，输入刚才的计算，并保存为1.txt，关闭记事本，结束录制并保存。操作方法同网页上的操作类似，结束这一系列操作后，我们运行程序，能看到神奇的一幕，计算机在重复我们刚才的操作，如图2–23所示。

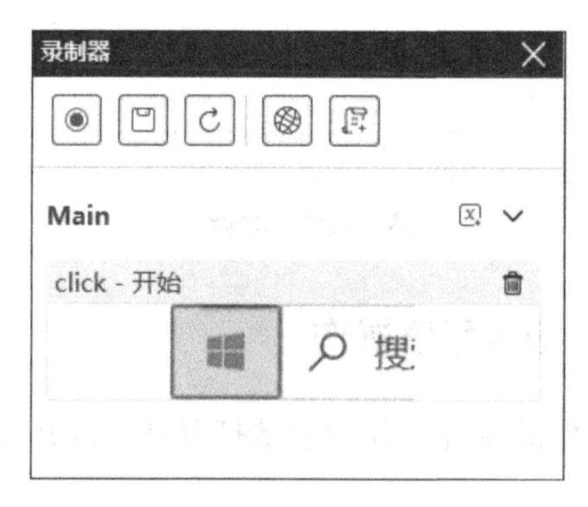

图 2–23 录制“123+456”操作

同样地，打开录制后的语句块，来认识一下Windows桌面应用程序的自动化控件。

在桌面应用程序自动化中，通常涉及窗口操作、鼠标键盘操作、逻辑处理等。设计器根据操作类型将桌面应用程序自动化控件分为鼠标操作、键盘操作、窗口操作、表格操作（主要运用于Java应用）、通用处理共五大类控件。根据实际需求，还可以选择runAppProgram等控件作为辅助。

打开设计器，在控件栏“UI自动化”分类中可以看到桌面应用自动化的一系列控件。桌面自动化的操作命令功能齐全，操作简单，如常用的运行应用程序（runAppProgram）、窗口置顶（setTop）、鼠标点击（click）、输入文本（type）、获取元素文本（getText）等都可互相衔接起来，为实际开发起到至关重要的作用。

双击打开语句块，可以看到如图2–24所示的大量控件，因为刚才的操作比较琐碎。

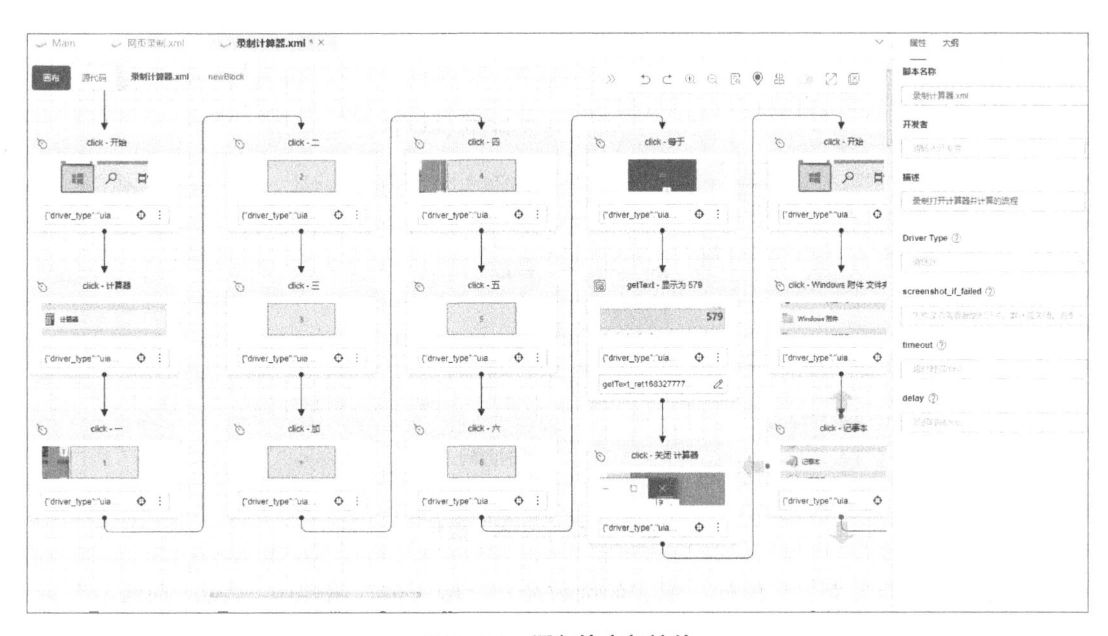

图 2–24　语句块内部控件

接下来看第一个控件“鼠标单击”，如图2–25所示。“鼠标单击”的设置同网页中单击控件类似，设置方法一样，不同的是针对的程序不一样。

图 2–25　“鼠标单击”控件

图2–26为“获取文本”控件。它的作用是获取控件中的文本，结果保存在“文本内

容”属性的“getText_ret”变量中。getText控件针对App桌面应用程序窗口页面的元素，获取元素中的文本，并将获取到的文本进行返回。该控件主要有以下用途：用于识别并返回App桌面应用元素的文本信息；可用于检测判定上一步操作之后的页面是否加载渲染成功。若获取到跳转后的页面元素文本信息，则表示页面加载成功，开始执行下一步。“文本信息”表示拾取到的文本信息会保存到默认返回值control Text里；“* 目标元素”表示单击控件的拾取按钮，在App桌面应用程序中获取目标文本。

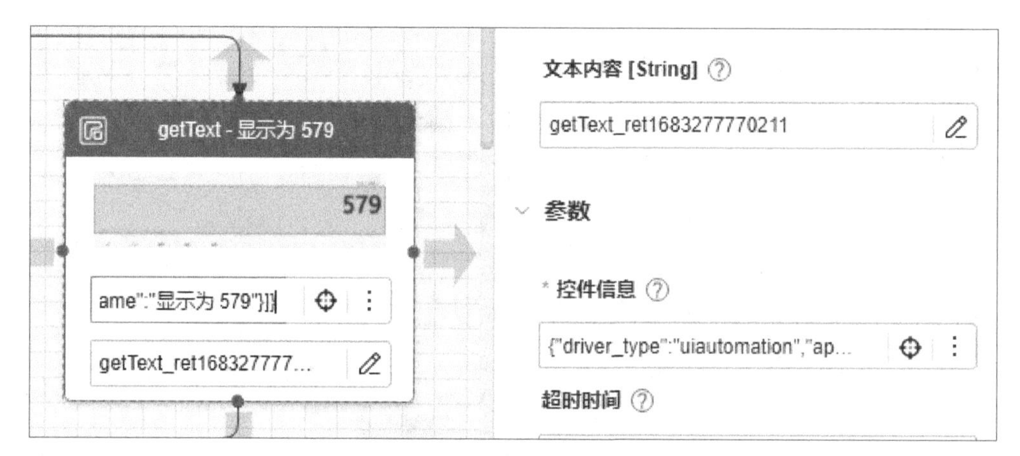

图 2–26 “获取文本”控件

图2–27为“输入文本”控件。输入的内容放在“输入值”属性中，“输入前清空”表示输入前是否清空文本框。“True”表示清空文本框，“False”表示不清空文本框。

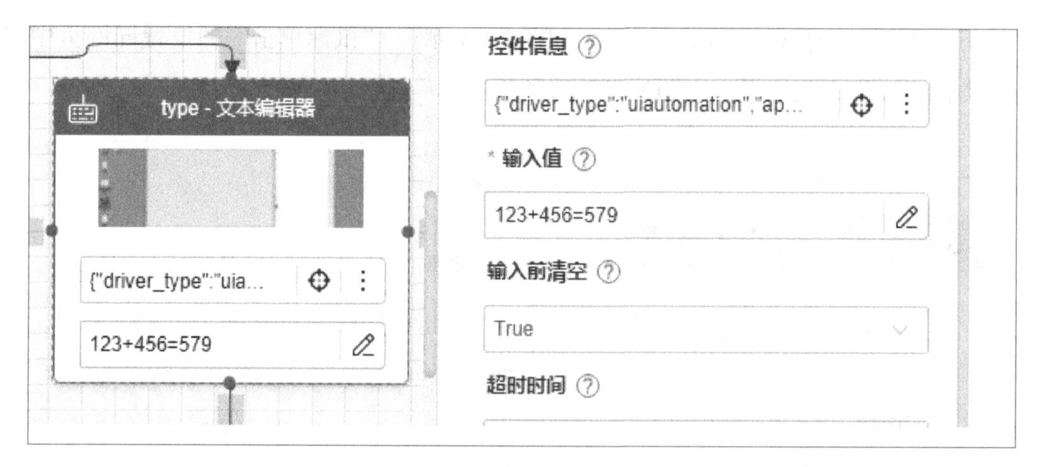

图 2–27 “输入文本”控件

此外还有“运行应用程序”控件，可以用它来打开应用程序，而不用鼠标或键盘，如图2–28所示。运行应用程序是App桌面应用自动化的重要操作之一，可以通过该控件快捷打开需要操作的应用程序，支持执行Python脚本、执行Windows命令等操作。“程序名称”表示所需要打开的应用程序的名称（可以在cmd命令栏输入命令直接打开的名称）。

"等待程序结束"中"True"为启动应用程序并等待程序结束和获取回显，"False"为启动不等待，不会获取到回显。"工作目录"表示可选，设置执行打开应用程序的工作目录。

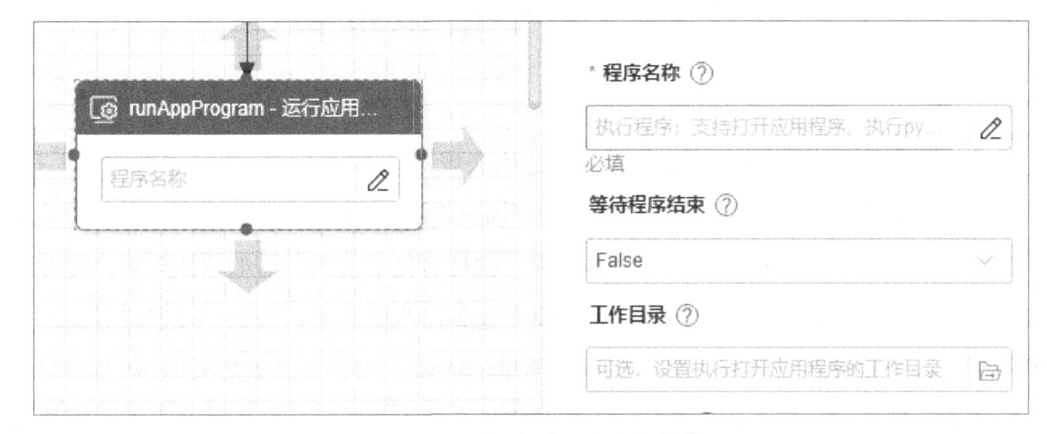

图 2-28　"运行应用程序"控件

第3章　简单语法准备

本章主要介绍WeAutomate使用中所需要的语法规则。WeAutomate是一个低代码工具，并不是完全不需要计算机编程的知识和思维，而是不需要像传统计算机编程一样的系统语法学习和完整的项目开发知识体系，简单地说，就是简化了编程所需的语法知识，降低了门槛。如同要跟说英语的人日常交流，不需要专业英语八级水平，甚至不需要通过国家英语四级考试，只要有英语环境，会用英语说简单的问候、购物、点餐之类的短句就可以。RPA软件更多的是面向行业业务人员，而非计算机专业人员。下面我们就来看看，需要哪些基本的日常用语语法就可以使用WeAutomate了。

想要借助WeAutomate帮我们操作计算机，主要需要以下两方面的基础语法：一个是理解数据，就是我们需要处理的计算机内容如何在计算机中存在和表达；另一个是理解流程控制，即让计算机软件能按照我们的安排持续运作。

3.1　变量和参数

首先我们需要了解一下变量和参数的含义、种类、作用以及如何使用。

变量和参数，是内存中保存数据的一个存储空间，在整个自动化项目中，变量和参数起到数据传递的作用。一个可能被反复使用的数据，都可以保存为变量和参数。变量和参数有什么区别呢？变量对外不可见，只在设计器中编辑的时候可见，用于流程的运行，发布运行后我们是看不到的。参数是可以在流程发布运行后继续给用户使用的数据，如用户名和密码。在WeAutomate设计器中可见“f(x)全局变量”“全局参数”“(x)变量”和“参数”的设置，如图3-1所示。

日志　错误列表　f(x) 全局变量　全局参数　(x) 变量　参数　健康检查　元素库

分组	名称	类型	值	描述	操作
	字符串1	String	武汉职业技术学院		删除　转换为全局参数
	字符串2	String	计算机学院		删除　转换为全局参数
	员工	Array	["胡斌","陈铭","杨明"]		删除　转换为全局参数

图3-1　WeAutomate设计器中可见的变量和参数

变量和参数主要需要设置“名称”“类型”“值”和“描述”。“名称”是变量或参数在设计器中使用时的代号，命名支持中英文，需要遵循简单、易懂、长度适中、不使用生僻单词等原则。比较简便的方法是用中文命名，但是要注意标点符号要使用英文符号，在操作中会涉及中英文频繁切换的问题。“类型”就是数据的类型，这意味着这个变量或参数将要存储一个什么类型的数据。“值”就是存储的具体数据。“描述”是对这个变量或参数用途的注释。

下面用添加“f(x)全局变量”来举例说明如何设置变量和参数。在设计器的菜单栏中选择“f(x)全局变量”后，单击“添加数据”按钮，会出现一行空的数据等待我们填充设置，如果要放弃添加，就需要单击“删除”按钮来退出设置，其中，在“双击编辑”的空栏中可以双击进入单独的设置窗口，进行大量文本输入，如图3-2所示。

图3-2　添加“f(x)全局变量”

3.2　常用的数据类型

华为的WeAutomate常用的数据类型主要有以下8种。

(1) Boolean：表示真或假，用于做出决策，从而更好地控制流程，如True、False。

(2) Integer：表示一个整数，用于存储程序中的数值，也可以用于执行方程或进行比较，如1、2、3。

(3) Float：表示带小数点的数，如1.2、99.99。

(4) String：表示字符串，用于在程序中保存一串固定的字符，如“WeAutomate”。

(5) List：表示数组，可以存储多个相同类型的数据，值必须放在一对中括号中间，且每个值之间用逗号隔开，如[1,2,3]。

(6) Dict：表示字典，是一个键值对，如{姓名：胡斌，年龄：40}。

(7) Attachment：表示文件，可以将文件作为完整变量进行存储和处理。

(8) Sensitive：保存密码等隐私数据。

以上8种数据类型都可以用于参数和变量中。那么，我们如何在变量和参数中使用这些数据呢？

首先，要解决数据的定义和存放问题，即给变量或参数赋值，将数据放入变量和参数中。我们使用控件来赋值，WeAutomate中由“Assign/变量赋值”和“eval/运行python表达式”两个控件来完成。

其次，要解决获取变量和参数中的数据问题，跟前面的赋值是一个相反的过程，即将数据从变量和参数中获取出来。获取变量和参数的数据用“@{变量名称}”的格式来操作，在控件中输入“@”后，会自动联想并弹出所有可用的变量与参数。

下面我们就用4个案例来进行说明。在使用案例之前，需要在全局变量中完成全局变量设置。

【案例3.1】使用Assign控件赋值并输出边长为2的正方形的面积，设置和运行结果如图3–3所示。

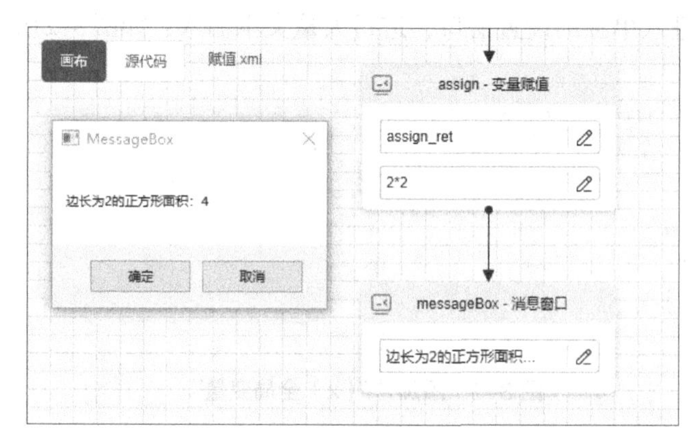

图 3–3 使用 Assign 控件赋值并输出边长为 2 的正方形的面积

操作步骤如下。

（1）创建脚本。右键单击左侧项目栏，在弹出的菜单中选择“创建脚本”，打开“创建脚本”窗口，设置“脚本名称”为“赋值”，“开发者”可以填写自己的姓名或代号，也可以不填，在“描述”中填写这个案例的用途介绍和注意事项等信息，如图3–4所示。

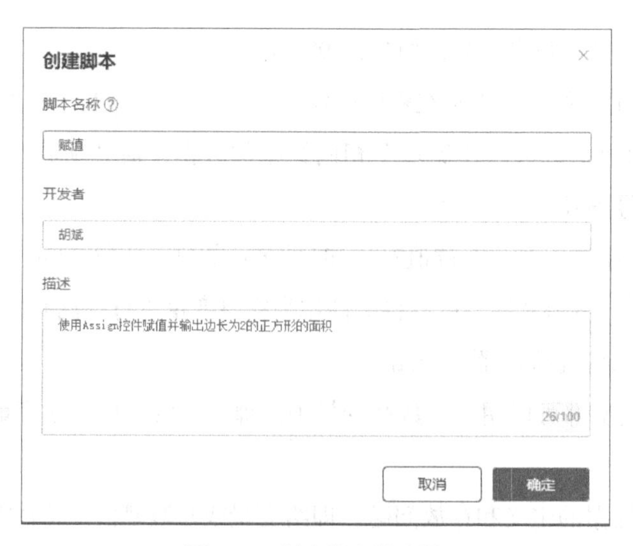

图 3–4 创建脚本并设置

（2）单击开始图标下方的箭头，在弹出的搜索控件框中输入“赋值”，单击选中“变量赋值”控件，如图3–5所示。

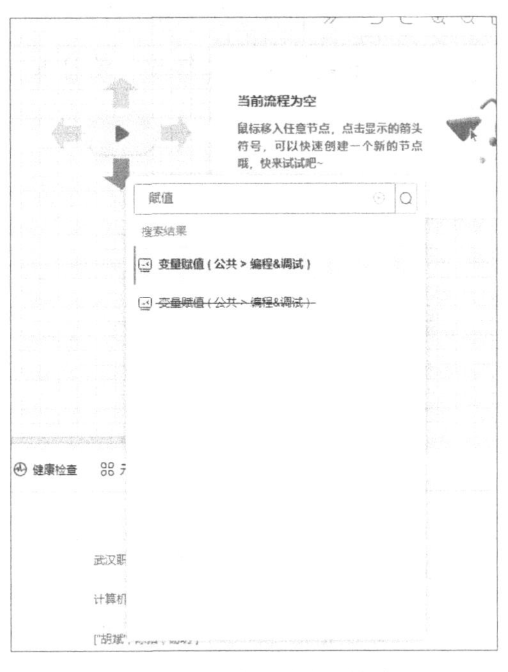

图 3–5　“变量赋值”控件

（3）对“变量赋值”控件进行属性设置，在该控件第二个空栏中填入“2*2”，发现右侧属性设置栏里的“变量值”栏目同时出现了该设置值，这说明两者是互相关联的。右侧的属性设置栏是控件所有可以设置的项目，画布中出现的控件中的空栏是常用属性的设置。观察控件的第一个空栏中有一个默认已输入好的字符串“assign_ret”，与右侧“属性”设置栏中的“输出—变量名［Object］”中的内容一致，代表该控件运行的结果，或者说输出会放在“assign_ret”中，如图3–6所示。

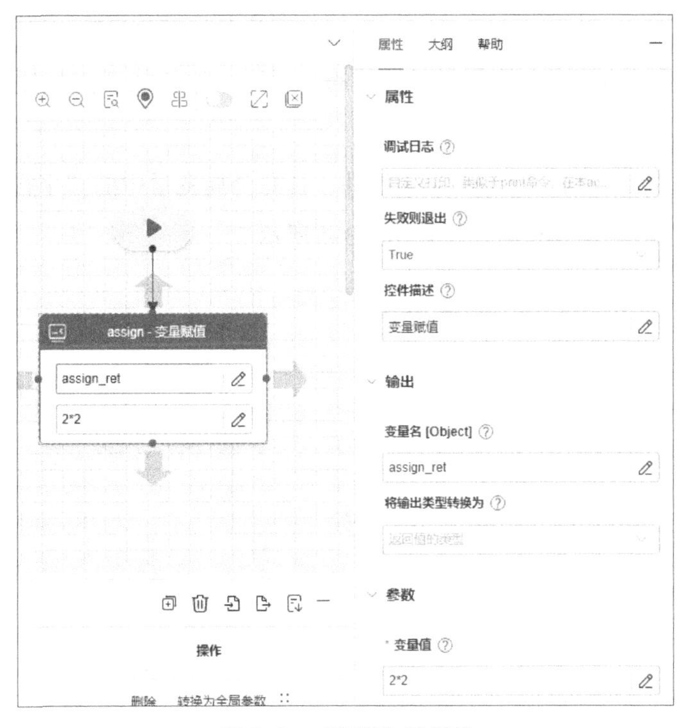

图 3–6　“属性”设置栏

（4）单击“变量赋值”控件下方的箭头，用上一步介绍的方法，引入流程的下一个控件“消息窗口”，输入搜索的关键字“消息”，在弹出的“消息窗口”控件空栏中输入“边长为2的正方形面积：@{ assign_ret }”，由于输入的内容较多，可以双击空栏打开放大的编辑框继续输入，也可以在属性设置栏中的“参数—消息框内容”中输入，如图3-7所示。

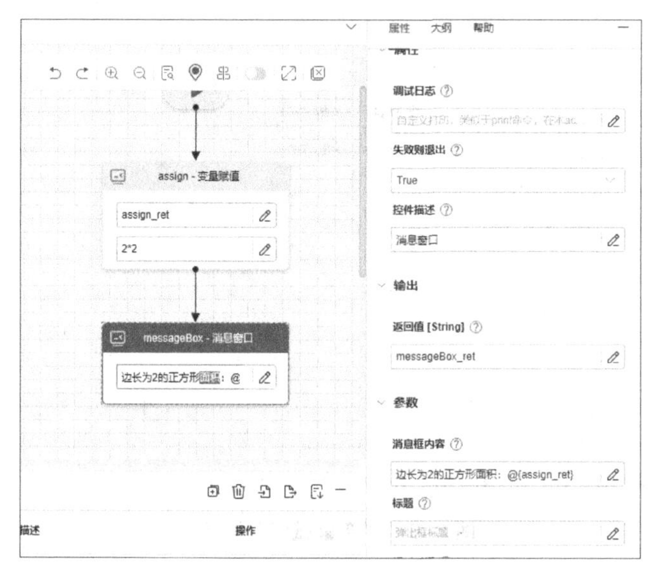

图 3-7 “消息窗口”控件

（5）单击软件工具栏中的“运行”按钮或者按快捷键“Ctrl+F10”，运行脚本并观察运行结果。

【案例3.2】使用eval控件，合并全局变量中的“字符串1”和“字符串2”并输出完整全名，设置和运行结果如图3-8所示。

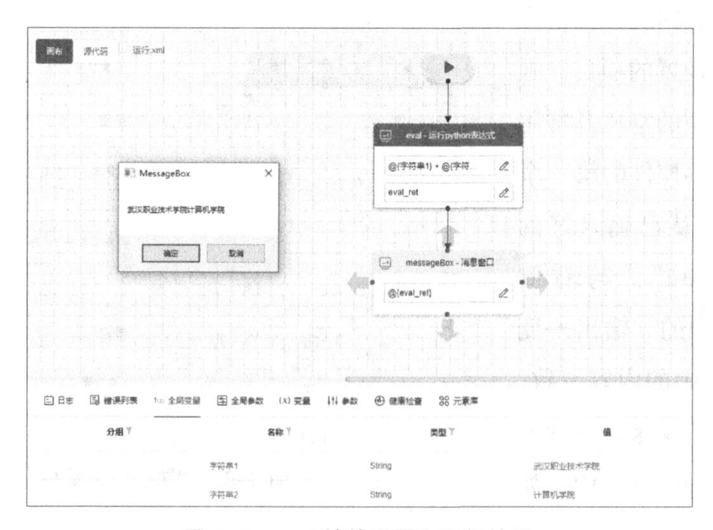

图 3-8 eval 控件设置和运行结果

操作步骤如下。

（1）创建脚本。右键单击左侧项目栏，在弹出的菜单栏中选择“创建脚本”，打开“创建脚本”窗口，设置“脚本名称”为“运行”，“开发者”可以填写自己的姓名或代号，也可以不填，在“描述”中填写这个案例的用途介绍和注意事项等信息，如图3-9所示。

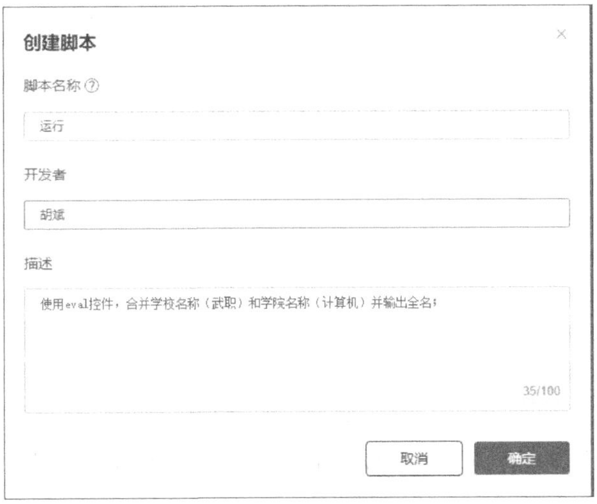

创建脚本
脚本名称
运行
开发者
胡斌
描述
使用eval控件，合并学校名称（武职）和学院名称（计算机）并输出全名；
35/100
取消
确定

图 3-9　创建脚本并设置

（2）单击开始图标下方的箭头，在弹出的搜索控件框中输入“运行”，单击选中“运行python表达式（公共>编程&调试）”控件，如图3-10所示。

运行
eval - 运行py
搜索结果
运行应用程序（系统 > 操作系统）
@{字符串1} + @{
运行python表达式（公共 > 编程&调试）
eval_ret

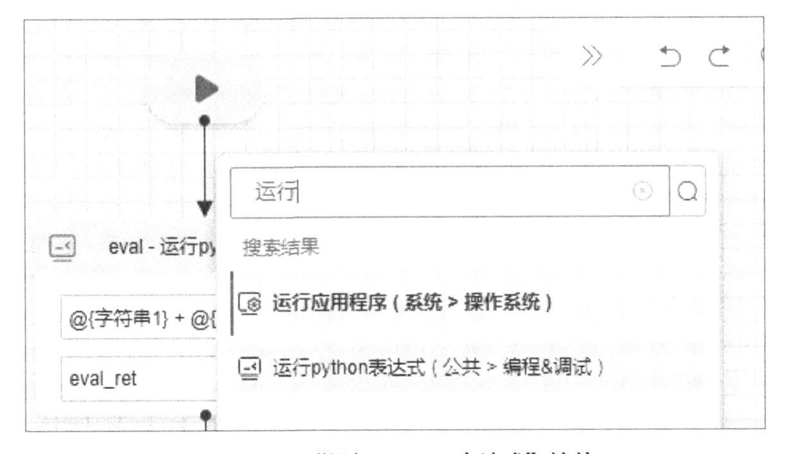

图 3-10　“运行 python 表达式”控件

（3）对“运行python表达式（公共>编程&调试）”控件进行属性设置，在该控件第一个空栏中填入“@{字符串1} + @{字符串2}”，如图3-11所示。

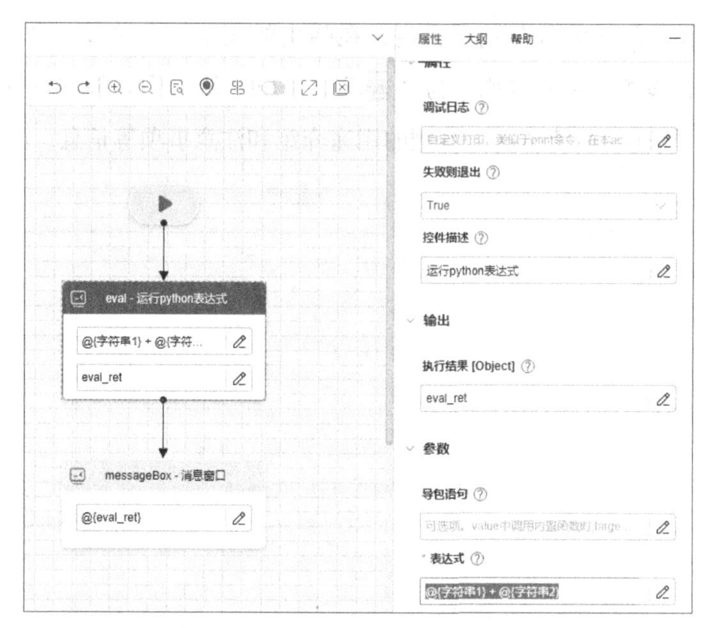

图 3–11　对“运行 python 表达式”控件进行属性设置

（4）继续单击“运行python表达式”控件下方的箭头，引入流程的下一个控件“消息窗口”，在弹出的“消息窗口”控件空栏中输入“@{eval_ret}”，其中“eval_ret”是刚才“运行python表达式”控件的输出结果，如图3–12所示。

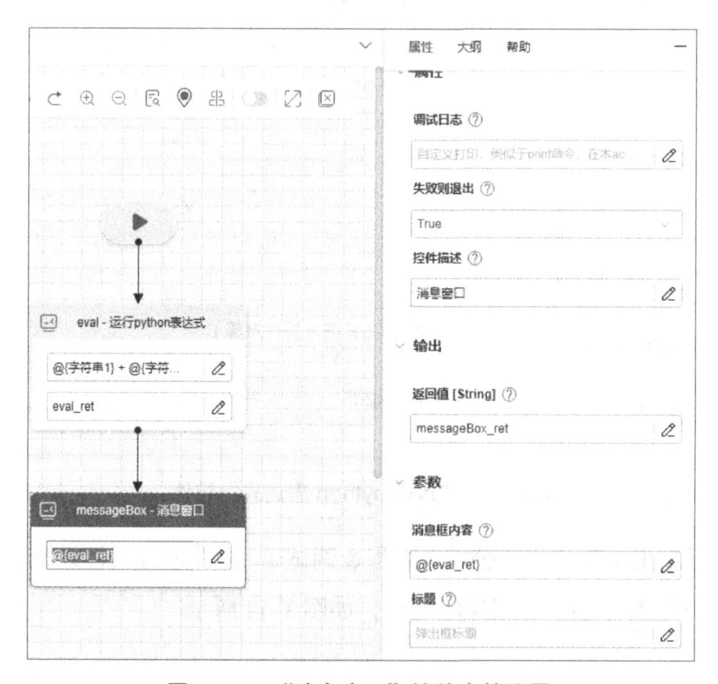

图 3–12　“消息窗口”控件中的设置

（5）单击软件工具栏中的“运行”按钮或按快捷键“Ctrl+F10”，运行脚本并观察运行结果。全局变量中的字符串1和字符串2连接在一起显示在屏幕中。

【案例3.3】引入对话框控件，询问并输出用户名字，设置和运行结果如图3–13所示。

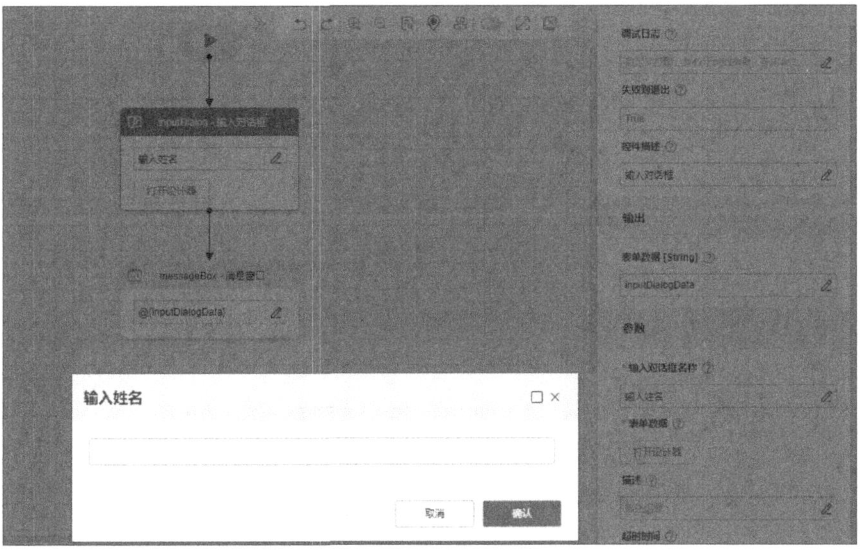

图 3–13　对话框控件的设置和运行结果

操作步骤如下。

（1）创建脚本。右键单击左侧项目栏，在弹出的菜单中选择“创建脚本”，打开“创建脚本”窗口，设置“脚本名称”为“输入对话框”，“开发者”可以填写自己的姓名或代号，也可以不填，在“描述”中填写这个案例的用途介绍和注意事项等信息，如图3–14所示。

图 3–14　创建脚本并设置

（2）单击开始图标下方的箭头，在弹出的搜索控件框中输入“输入”，单击选中最下面的“输入对话框”控件，如图3–15所示。

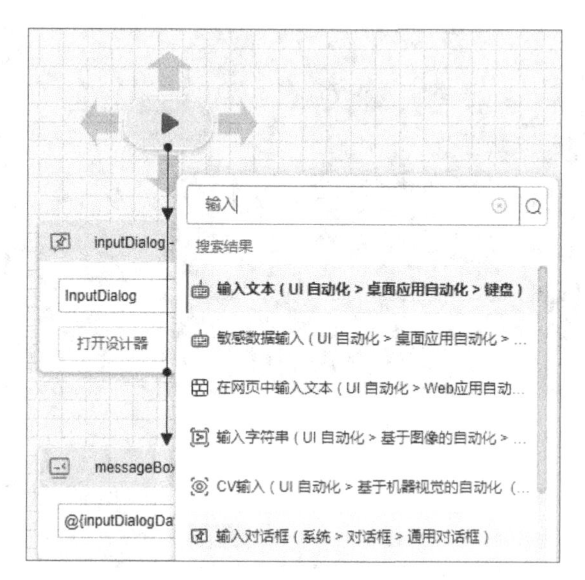

图 3–15 “输入对话框”控件

（3）对“输入对话框”控件进行属性设置，单击“打开设计器”对话框进行外观设计，如图3–16所示。

图 3–16 对“输入对话框”控件进行属性设置

（4）继续单击“输入对话框”控件下方的箭头，引入流程的下一个控件“消息窗口”，在弹出的“消息窗口”控件空栏中输入“@{inputDialogData}”，其中“inputDialogData”是刚才“输入对话框”控件的输出结果，就是用户在对话框中输入的内容，如图3–17所示。

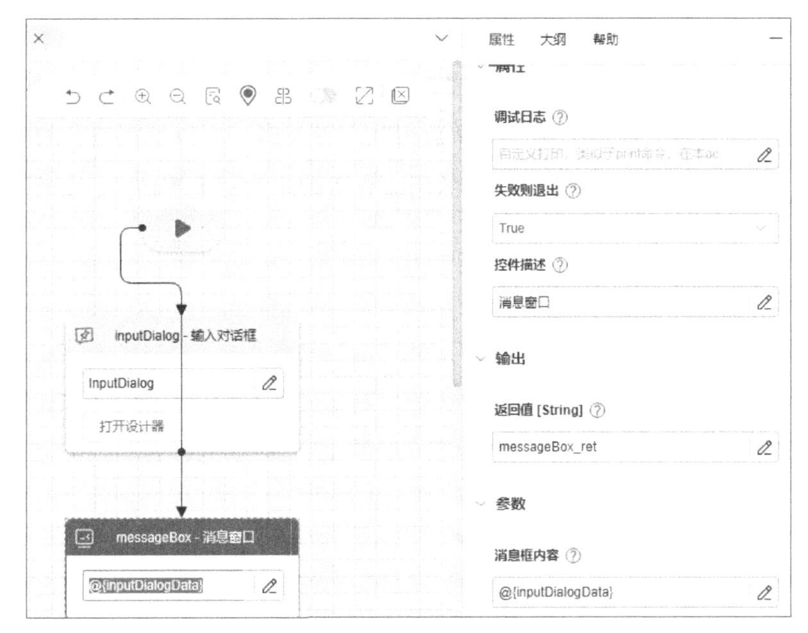

图 3–17　“消息窗口”控件

（5）单击软件工具栏中的“运行”按钮或按快捷键“Ctrl+F10”，运行脚本并观察运行结果。

【案例3.4】输出某部门员工名单中第一个员工的姓名，数据来自全局变量中的数组“员工”，设置和运行结果如图3–18所示。

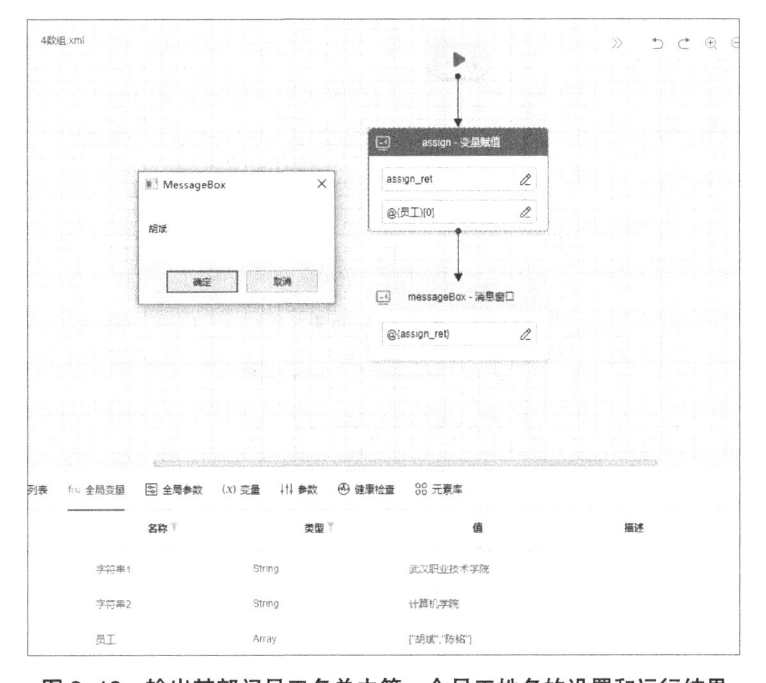

图 3–18　输出某部门员工名单中第一个员工姓名的设置和运行结果

操作步骤如下。

（1）创建脚本。右键单击左侧项目栏，在弹出的菜单栏中选择“创建脚本”，打开“创建脚本”窗口，设置“脚本名称”为“数组”，“开发者”可以填写自己的姓名或代号，也可以不填，在“描述”中填写这个案例的用途介绍和注意事项等信息，如图3–19所示。

图 3–19 创建脚本并设置

（2）单击开始图标下方的箭头，在弹出的搜索控件框中找到“最近使用”，单击选中最下面的“变量赋值”控件，这是我们前面案例用过的控件，如图3–20所示。

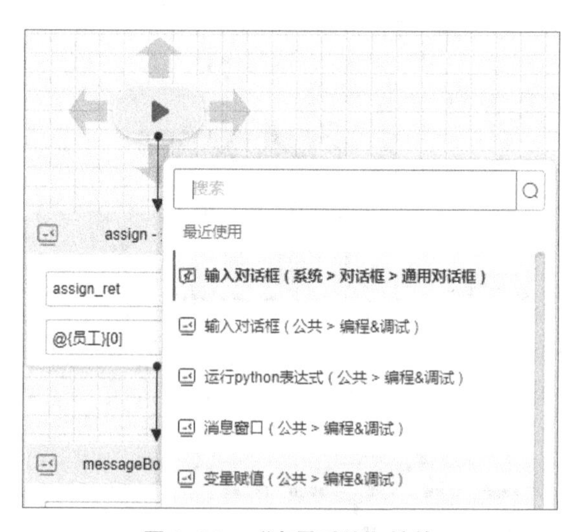

图 3–20 “变量赋值”控件

（3）对“变量赋值”控件进行属性设置。在第二个空栏中输入“@{员工}[0]”，表示从全局变量“员工”数组中选取第0个数据，数组的数据是从0开始标注的，如图3–21所示。

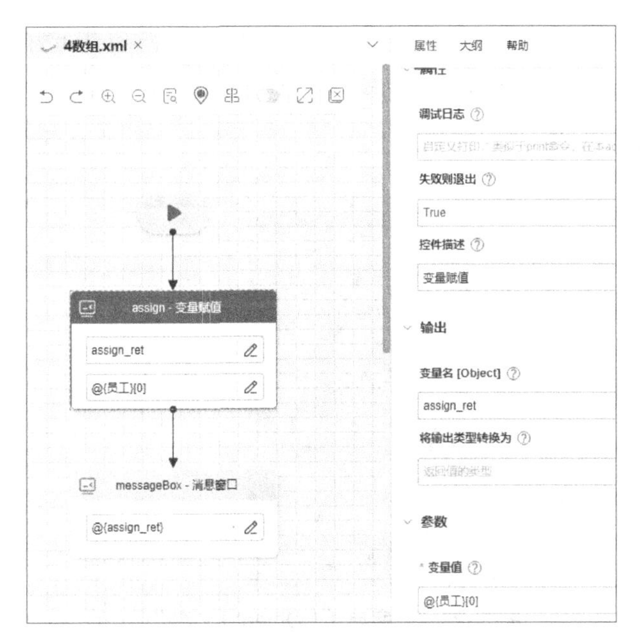

图 3–21　对“变量赋值”控件进行属性设置

（4）继续单击“变量赋值”控件下方的箭头，引入流程的下一个控件“消息窗口”，在弹出的“消息窗口”控件空栏中输入“@{assign_ret}”，其中“assign_ret”是刚才“变量赋值”控件的输出结果，就是对数组获取第一个元素的结果，如图 3–21 所示。

（5）单击软件工具栏中的“运行”按钮或按快捷键“Ctrl+F10”，运行脚本并观察运行结果。消息框中显示了全局变量“员工”数组中的第一个数据。

3.3　操作运用数据

了解如何运用变量和参数存储和获取数据以后，就可以对这些数据进行加工和处理，得到所需要的内容。下面主要看看常用的字符串操作、List 数组数据操作、Dictionary 字典操作、Datetime 日期操作及正则表达式操作。

在进行案例操作之前，应要准备好全局变量以供使用，如图 3–22 所示。

f(x) 全局变量　全局参数　健康检查　元素库

名称	类型	值
字典1	Object	{"学校":"武汉职业技术学...
英文字符串	String	WuHan Polytechnic
中文字符串	String	武汉职业技术学院
列表1	Array	["周一","周二","周三"]

图 3–22　全局变量

其中，“字典 1”是后面将要用到的字典类型变量，应先设置好备用，类型为“Object”，值为“{"学校"："武汉职业技术学院","学院"："计算机学院"}”，可以双击打开“值”编辑框设置，如图 3-23 所示。

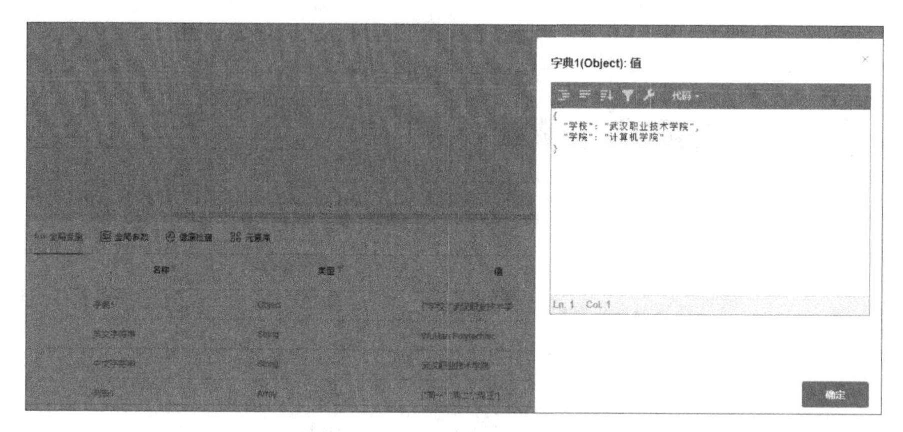

图 3-23　“字典 1（Object）：值”

“列表 1”是后面将要用到的数组类型变量，这里提前设置好备用，类型为“Array”，值为“["周一","周二","周三"]”，可以双击打开“值”编辑框设置，如图 3-24 所示。

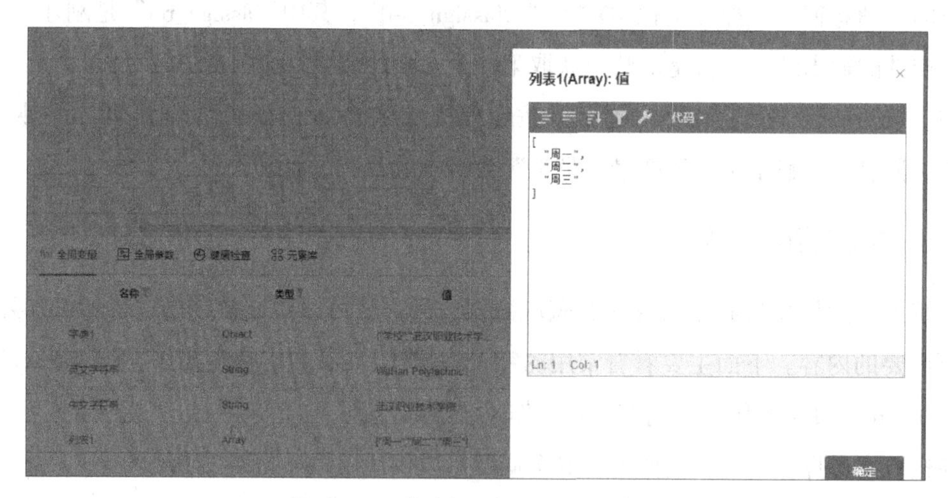

图 3-24　“列表 1（Array）：值”

还有两个字符串为“String”类型的全局变量，其中名称为“英文字符串”的变量值为“WuHan Polytechnic”，名称为“中文字符串”的变量值为“武汉职业技术学院”，也可以自行设定变量值。

3.3.1　字符串操作

字符串用于在程序中保存一串固定的字符，是以单引号或双引号括起来的任意文本，凡是要显示在屏幕上的文字内容，都要成为字符串，也就是说，数值内容也应该使用字符串来显示。下面用 12 个小案例来说明字符串操作方法。

【案例3.5】字符串大小写转换，设置和运行结果如图3–25所示。

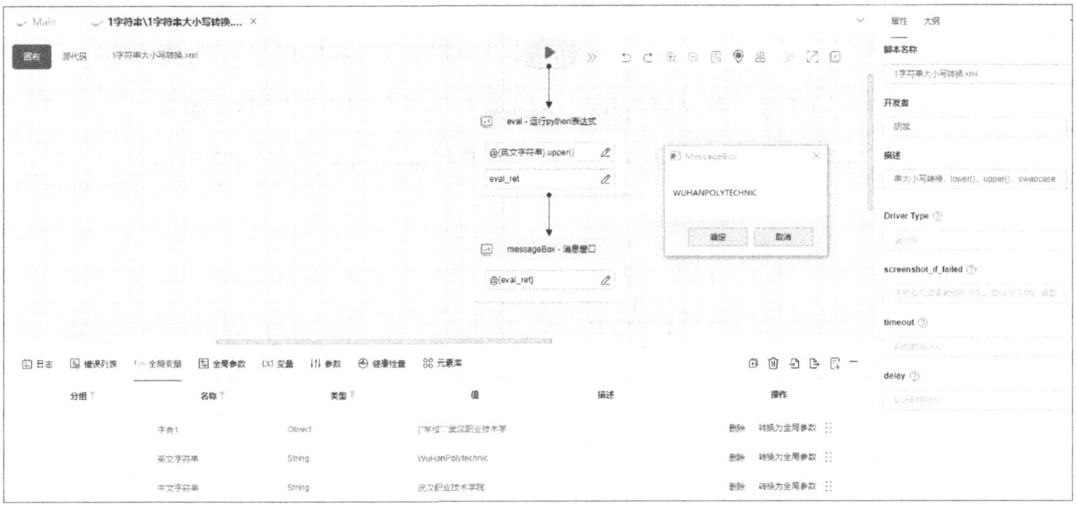

图3–25　字符串大小写转换的设置和运行结果

操作步骤如下。

（1）创建脚本，命名为“字符串大小写转换”，“开发者”和“描述”中的内容选填。

（2）单击开始图标下方的箭头，在弹出的搜索控件框中找到“最近使用”选项，搜索“运行python表达式”控件并选中，在属性设置栏中设置“表达式”栏的值为“@{英文字符串}.upper()”，将全局变量“英文字符串”转换成大写，其中upper()表示转换为大写，lower()表示转换为小写，swapcase()表示大小写互换。“运行python表达式”控件设置如图3–26所示。

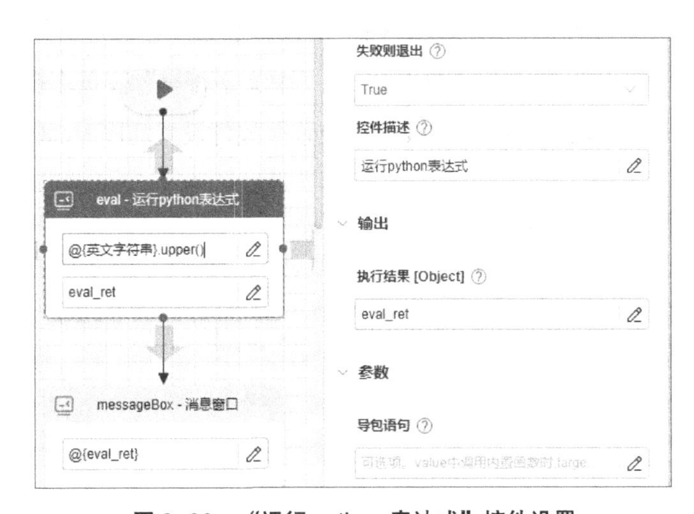

图3–26　“运行python表达式”控件设置

（3）单击“运行python表达式”控件图标下方的箭头，在弹出的搜索控件框中找到“最近使用”选项，搜索“消息窗口”控件并选中，在属性设置栏中，设置“消息框内容”

栏的值为“@{eval_ret}”，这是上一步“运行python表达式”控件的运行结果，如图3–26所示。

（4）单击软件工具栏中的“运行”按钮或按快捷键“Ctrl+F10”，运行脚本并观察运行结果。消息框中全局变量“英文字符串”中的英文字母全部以大写形式显示。

【案例3.6】获取字符串中子字符串的索引，设置和运行结果如图3–27所示。

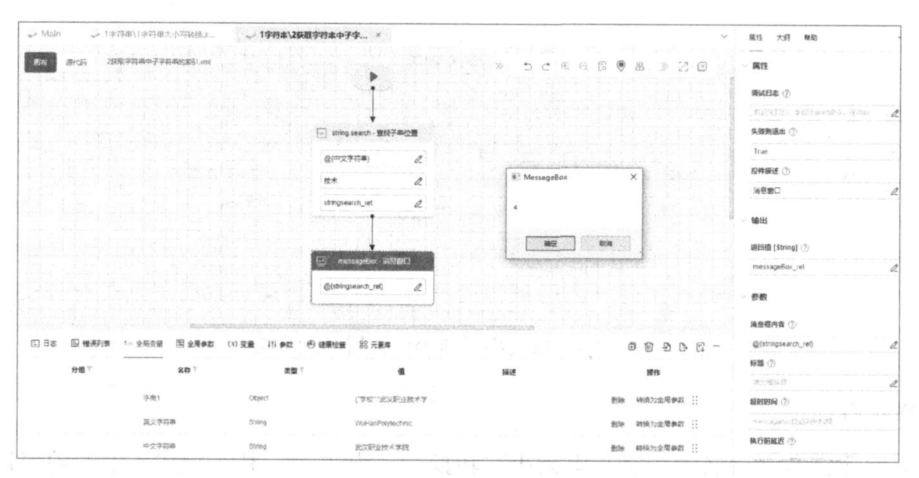

图 3–27 获取字符串中子字符串的索引的设置和运行结果

操作步骤如下。

（1）创建脚本，命名为“获取字符串中子字符串的索引”，“开发者”和“描述”中的内容选填。

（2）单击开始图标下方的箭头，在弹出的搜索控件框中输入“查找”，在搜索结果中选中“查找子串位置”控件，在属性设置栏中设置“参数”栏的“目标字符串”的值为“@{中文字符串}”，“子串”的值为“技术”，在“中文字符串”变量中搜索“技术”这个字符串的位置，预期应该是第5位。“查找子串位置”控件设置如图3–28所示。

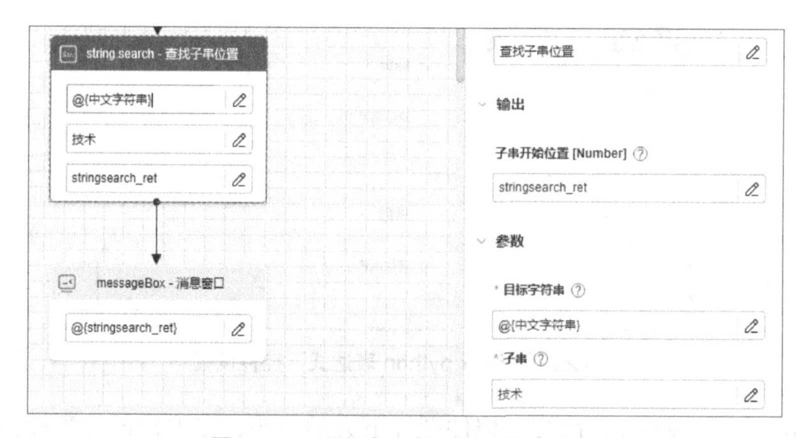

图 3–28 “查找子串位置”控件设置

（3）单击“查找子串位置”控件图标下方的箭头，继续添加“消息窗口”控件并选中，在“属性”设置栏中，设置“消息框内容”栏的值为“@{stringsearch_ret}”，这是上一步“查找子串位置”控件的运行结果，如图3–28所示。

（4）单击软件工具栏中的“运行”按钮或按快捷键“Ctrl+F10”，运行脚本并观察运行结果。消息窗口中的“4”表示“技术”位于“中文字符串”第4的位置，而字符串的第一个字符也是从0开始计数，故为第5位。

【案例3.7】判断字符串中是否含有指定子串，设置和运行结果如图3–29所示。

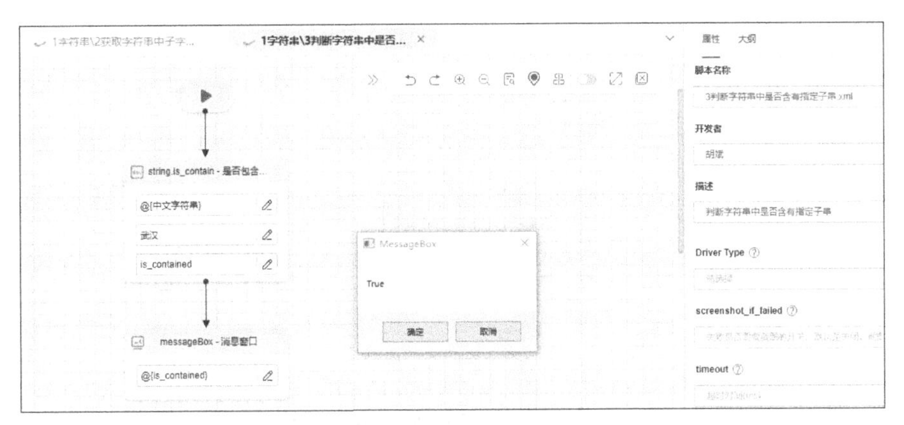

图 3–29　判断字符串中是否含有指定子串的设置和运行结果

操作步骤如下。

（1）创建脚本，命名为“判断字符串中是否含有指定子串”，“开发者”和“描述”中的内容选填。

（2）单击开始图标下方的箭头，在弹出的搜索控件框中输入“包含”，在搜索结果中选中“是否包含子串”控件，在属性设置栏中设置“参数”栏的“字符串A”的值为“@{中文字符串}”，“子串”的值为“武汉”，判断在“中文字符串”变量中是否有“武汉”二字，预期应该是有。“是否包含子串”控件设置如图3–30所示。

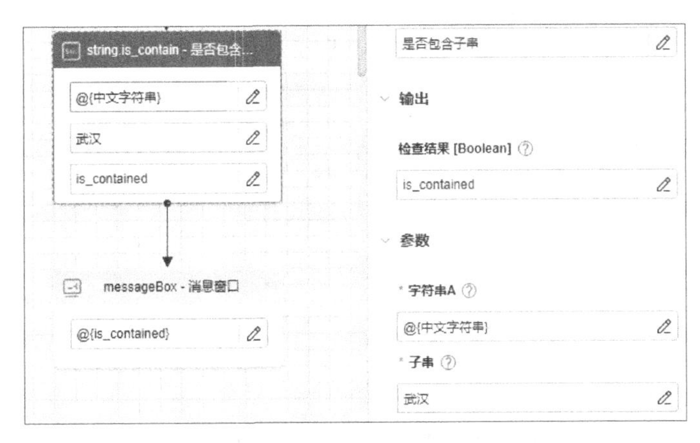

图 3–30　“是否包含子串”控件设置

（3）单击“是否包含子串”控件图标下方的箭头，继续添加“消息窗口”控件并选中，在属性设置栏中，设置“消息框内容”栏的值为“@{is_contained}”，这是上一步“是否包含子串”控件的运行结果，如图3-30所示。

（4）单击软件工具栏中的“运行”按钮或按快捷键“Ctrl+F10”，运行脚本并观察运行结果。消息窗口中的“True”表示“中文字符串”变量中包含“武汉”二字。

【案例3.8】比较字符串是否相同，设置和运行结果如图3-31所示。

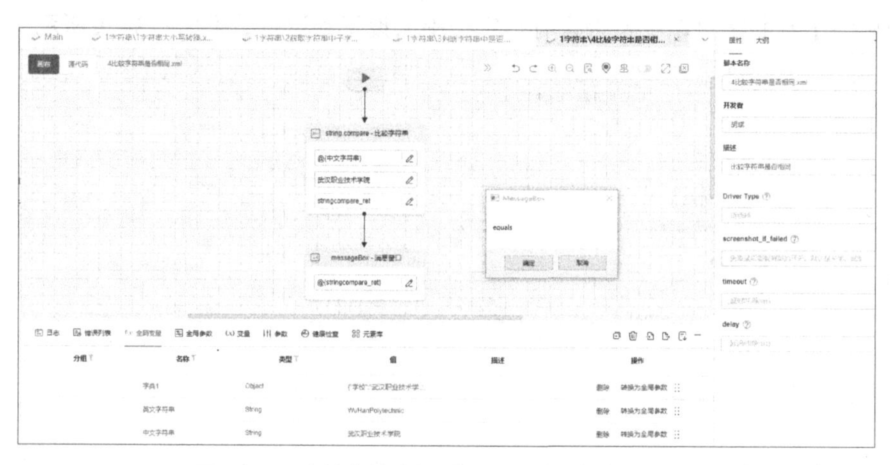

图 3-31　比较字符串是否相同的设置和运行结果

操作步骤如下。

（1）创建脚本，命名为“比较字符串是否相同”，“开发者”和“描述”中的内容选填。

（2）单击开始图标下方的箭头，在弹出的搜索控件框中输入“比较”，在搜索结果中选中“比较字符串”控件，在属性设置栏中设置“参数”栏的“第一个字符串”的值为“@{中文字符串}”，“第二个字符串”的值为“武汉职业技术学院”，判断这两个字符串变量是否相等，预期应该是相等。“比较字符串”控件设置如图3-32所示。注意，属性“大小写敏感”中设置为“0”表示不区分大小写，设置为“1”表示区分大小写。

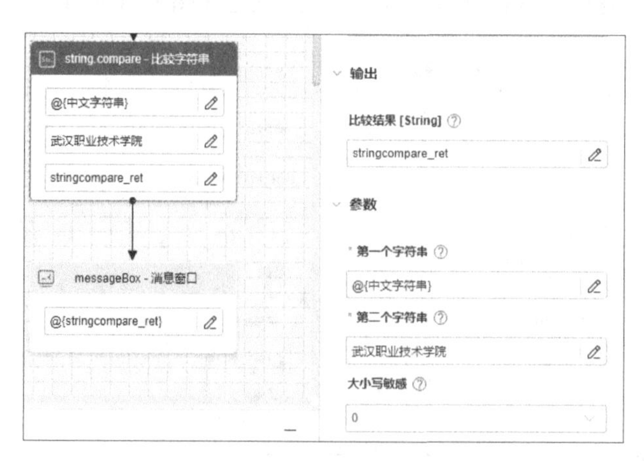

图 3-32　“比较字符串”控件设置

（3）在“比较字符串”控件下方继续添加“消息窗口”控件，在属性设置栏中设置“消息框内容”栏的值为“@{stringcompare_ret}”，这是上一步“比较字符串”控件的运行结果，如图3–32所示。

（4）单击软件工具栏中的“运行”按钮或按快捷键“Ctrl+F10”，运行脚本并观察运行结果。消息窗口中的“equals”表示两个字符串相同。

【案例3.9】字符串分割，设置和运行结果如图3–33所示。

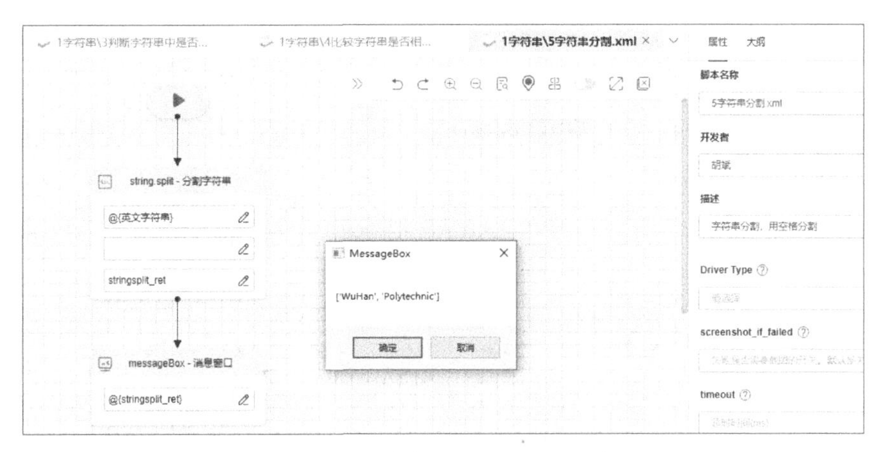

图3–33　字符串分割设置和运行结果

操作步骤如下。

（1）创建脚本，命名为“字符串分割”，“开发者”和“描述”中的内容选填。

（2）单击开始图标下方的箭头，在弹出的搜索控件框中输入“分割”，在搜索结果中选中“分割字符串”控件，在属性设置栏中设置“参数”栏的“目标字符串”的值为“@{英文字符串}”，“分隔符”的值为空格，用空格分割“英文字符串”中的两个单词，将它们保存在一个数组中，即“输出”的字符串列表“stringsplit_ret”中。“分割字符串”控件设置如图3–34所示。

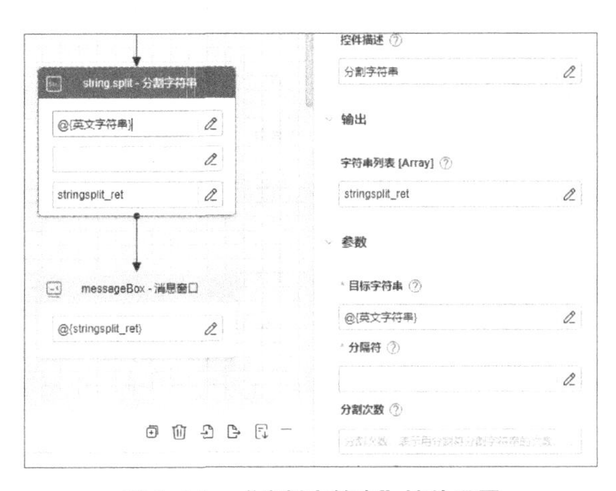

图3–34　“分割字符串”控件设置

（3）在“分割字符串”控件下方继续添加“消息窗口”控件，在属性设置栏中设置“消息框内容”栏的值为“@{stringsplit_ret}”，这是上一步“分割字符串”控件的运行结果，如图3–34所示。

（4）单击软件工具栏中的“运行”按钮或按快捷键“Ctrl+F10”，运行脚本并观察运行结果。消息窗口中的结果是1个数组，其中有2个元素，表示分割的结果是2个单词。

【案例3.10】统计字符串中某子串出现的次数，设置和运行结果如图3–35所示。

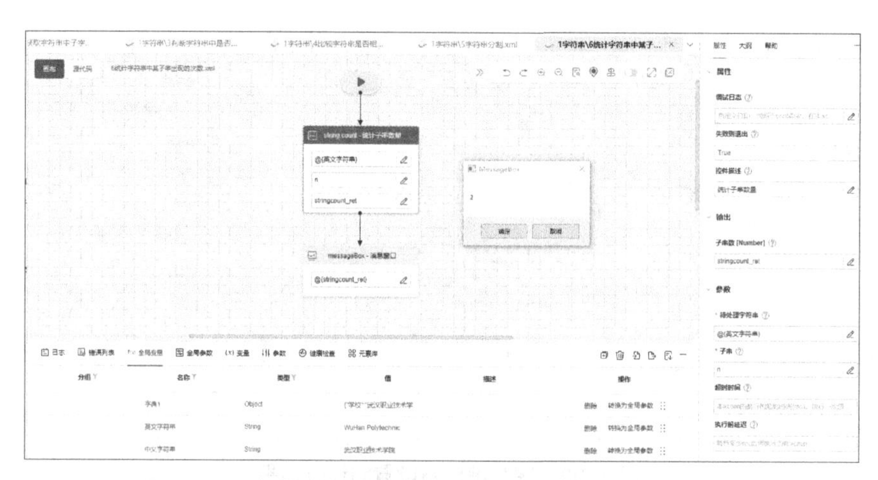

图 3–35　统计字符串中某子串出现次数的设置和运行结果

操作步骤如下。

（1）创建脚本，命名为“统计字符串中某子串出现的次数”，“开发者”和“描述”中的内容选填。

（2）单击开始图标下方的箭头，在弹出的搜索控件框中输入“统计”，在搜索结果中寻找“统计子串数量”控件并选中，在属性设置栏中设置“参数”栏的“待处理字符串”的值为“@{英文字符串}”，“子串”的值为“n”，统计字符串“英文字符串”中有多少个“n”，预期结果应该有2个。“统计子串数量”控件设置如图3–36所示。

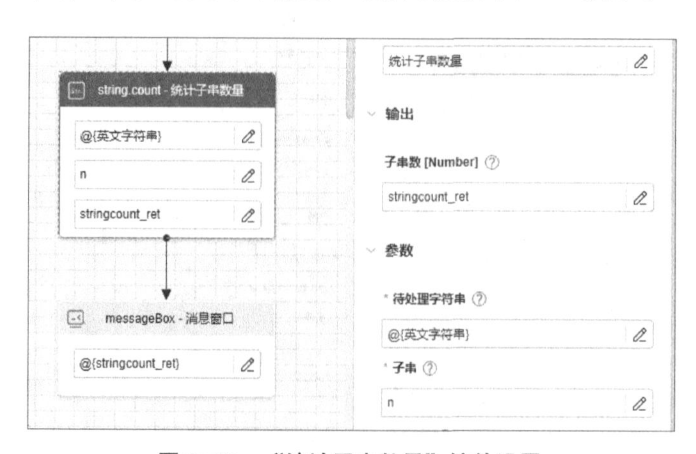

图 3–36　“统计子串数量”控件设置

（3）在“统计子串数量”控件下方继续添加“消息窗口”控件，在属性设置栏中设置“消息框内容”栏的值为“@{stringcount_ret}”，这是上一步“统计子串数量”控件的运行结果，如图3–36所示。

（4）单击软件工具栏中的“运行”按钮或按快捷键“Ctrl+F10”，运行脚本并观察运行结果。消息窗口中的“2”表示“英文字符串”中有2个“n”。

【案例3.11】字符串拼接，设置和运行结果如图3–37所示。

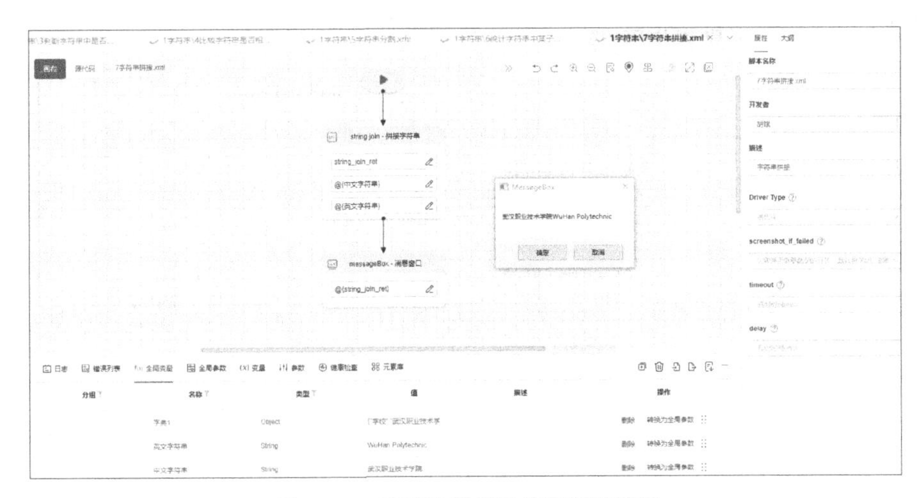

图3–37 字符串拼接设置和运行结果

操作步骤如下。

（1）创建脚本，命名为“字符串拼接”，“开发者”和“描述”中的内容选填。

（2）单击开始图标下方的箭头，在弹出的搜索控件框中输入“拼接”，在搜索结果中寻找“拼接字符串”控件并选中，在属性设置栏中设置“参数”栏的“字符串1”的值为“@{中文字符串}”，“字符串2”的值为“@{英文字符串}”，连接这两个字符串。“拼接字符串”控件设置如图3–38所示。

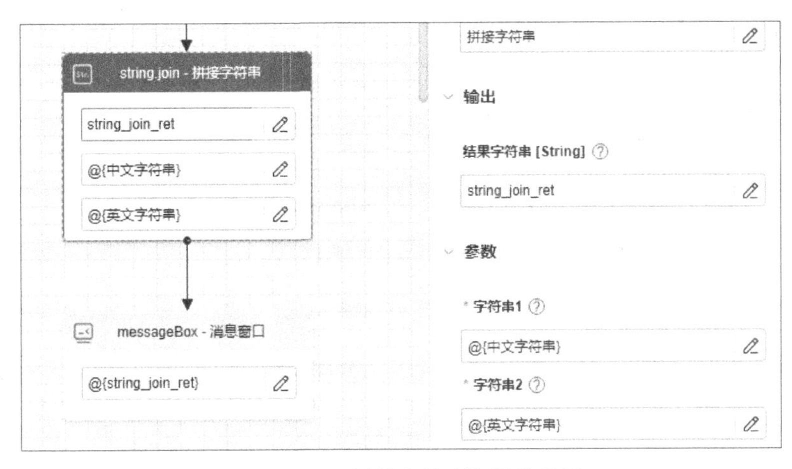

图3–38 “拼接字符串”控件设置

（3）在“拼接字符串”控件下方继续添加“消息窗口”控件，在属性设置栏中设置“消息框内容”栏的值为“@{string_join_ret}”，这是上一步“拼接字符串”控件的运行结果，如图3–38所示。

（4）单击软件工具栏中的“运行”按钮或按快捷键“Ctrl+F10”，运行脚本并观察运行结果。消息窗口中的“武汉职业技术学院 WuHan Polytechnic”是两个字符串连接在一起的结果。

【案例3.12】获取字符串长度，设置和运行结果如图3–39所示。

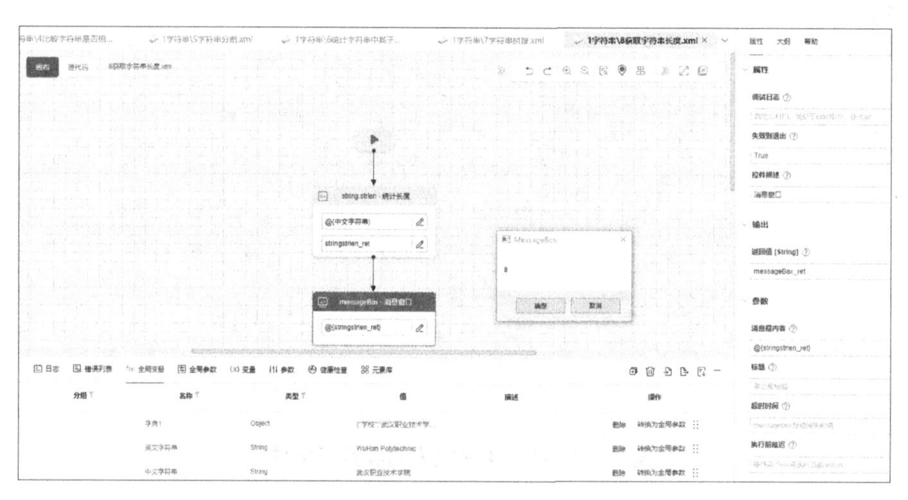

图 3–39　获取字符串长度设置和运行结果

操作步骤如下。

（1）创建脚本，命名为“获取字符串长度”，“开发者”和“描述”中的内容选填。

（2）单击开始图标下方的箭头，在弹出的搜索控件框中输入“长度”，在搜索结果中找到“统计长度”控件并选中，在属性设置栏中设置“参数”栏的“待处理字符串”的值为“@{中文字符串}”，统计这个中文字符串变量中存储的中文长度，预期应该是8个字。“统计长度”控件设置如图3–40所示。

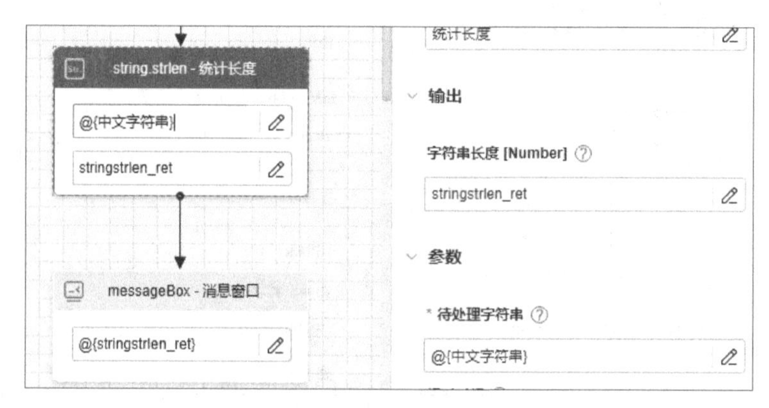

图 3–40　“统计长度”控件设置

（3）在“统计长度”控件下方继续添加“消息窗口”控件，在属性设置栏中设置“消息框内容”栏的值为“@{stringstrlen_ret}”，这是上一步“统计长度”控件的运行结果，如图 3–40 所示。

（4）单击软件工具栏中的“运行”按钮或按快捷键“Ctrl+F10”，运行脚本并观察运行结果。消息窗口中的“8”就是中文字符串变量的长度。

【案例 3.13】去掉字符串首尾的子串，设置和运行结果如图 3–41 所示。

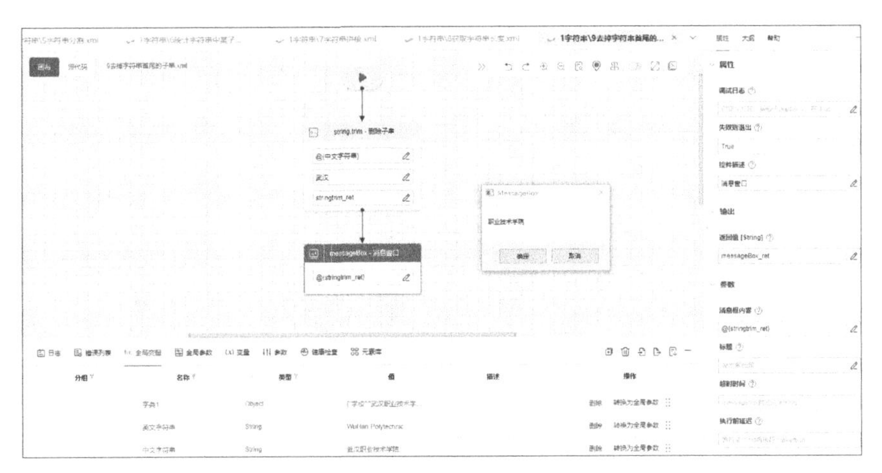

图 3–41　去掉字符串首尾的子串设置和运行结果

操作步骤如下。

（1）创建脚本，命名为“去掉字符串首尾的子串”，“开发者”和“描述”中的内容选填。

（2）单击开始图标下方的箭头，在弹出的搜索控件框中输入“删除”，在搜索结果中找到“删除子串”控件并选中，在属性设置栏中设置“参数”栏的“待处理字符串”的值为“@{ 中文字符串 }”，“要删除的子串”栏中的值为“武汉”，删除字符串“武汉职业技术学院”中的“武汉”。“删除子串”控件设置如图 3–42 所示。

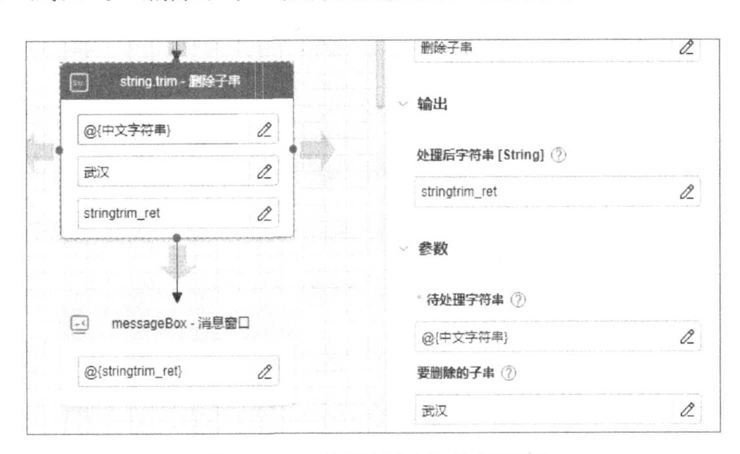

图 3–42　“删除子串”控件设置

（3）在“删除子串”控件下方继续添加“消息窗口”控件，在属性设置栏中设置“消息框内容”栏的值为“@{stringtrim_ret}”，这是上一步“删除子串”控件的运行结果，如图3-42所示。

（4）单击软件工具栏中的“运行”按钮或按快捷键“Ctrl+F10”，运行脚本并观察运行结果。消息窗口中的“职业技术学院”就是删除后的字符串。

【案例3.14】字符串截取，设置和运行结果如图3-43所示。

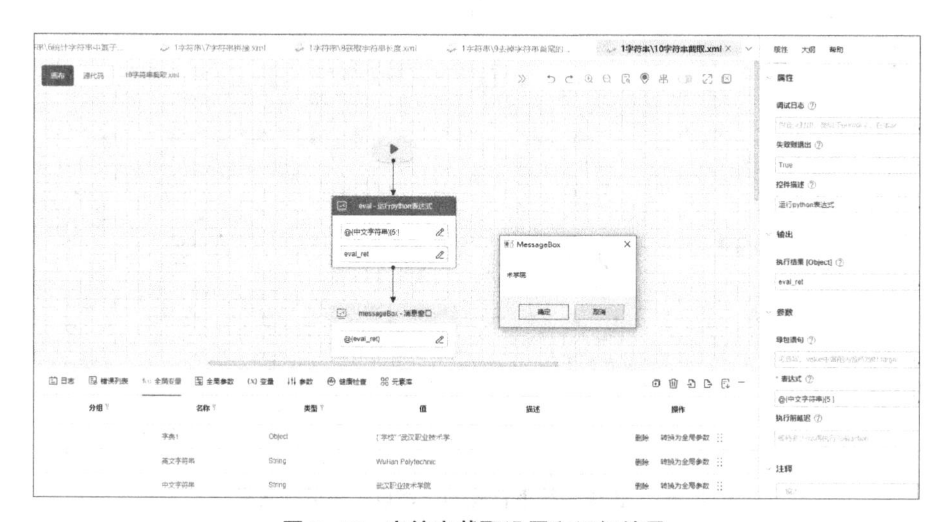

图3–43　字符串截取设置和运行结果

操作步骤如下。

（1）创建脚本，命名为“字符串截取”，“开发者”和“描述”中的内容选填。

（2）单击开始图标下方的箭头，在弹出的搜索控件框中输入“运行”，在搜索结果中找到“运行python表达式”控件并选中，在属性设置栏中设置“参数”栏的“表达式”的值为“@{中文字符串}[5：]”，从第5个字符串开始截取，预期应该是“术学院”。“运行python表达式”控件设置如图3-44所示。

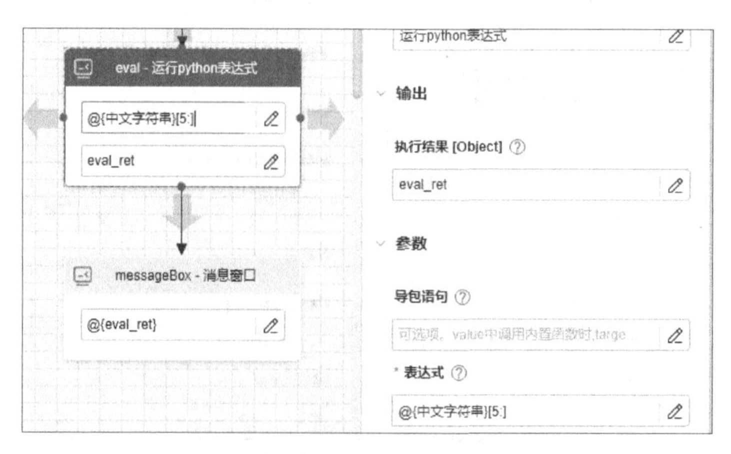

图3–44　“运行 python 表达式”控件设置

（3）在“运行python表达式”控件下方继续添加“消息窗口”控件，在属性设置栏中设置“消息框内容”栏的值为“@{eval_ret}”，这是上一步“运行python表达式”控件的运行结果，如图3–34所示。

（4）单击软件工具栏中的“运行”按钮或按快捷键“Ctrl+F10”，运行脚本并观察运行结果。消息窗口中的“术学院”为截取后的结果。

【案例3.15】字符串替换，设置和运行结果如图3–45所示。

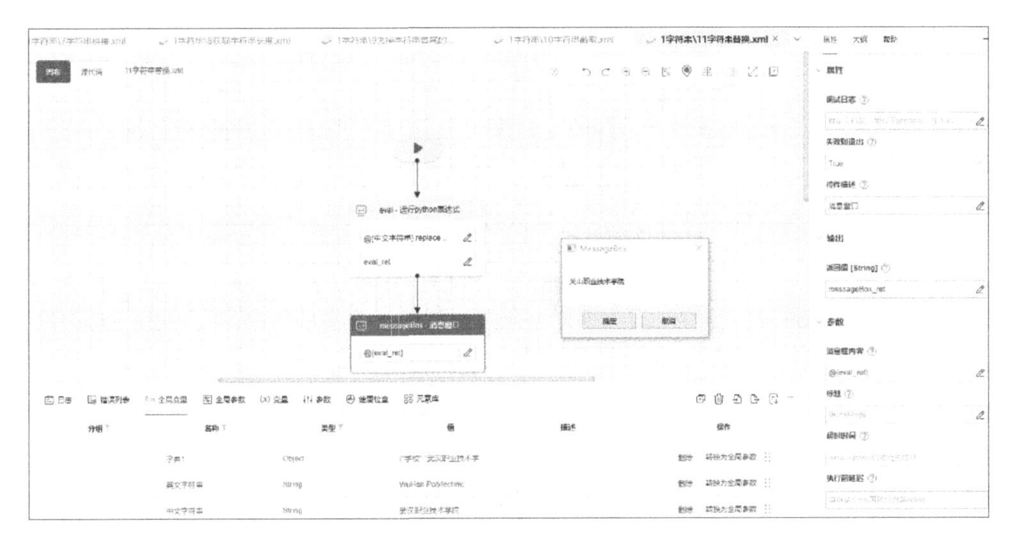

图 3–45　字符串替换设置和运行结果

操作步骤如下。

（1）创建脚本，命名为“字符串替换”，“开发者”和“描述”中的内容选填。

（2）单击开始图标下方的箭头，在弹出的搜索控件框中输入“运行”，在搜索结果中找到“运行python表达式”控件并选中，在属性设置栏中设置“参数”栏的“表达式”的值为“@{中文字符串}.replace("武汉","关山")”，这是一个Python语言的表达式，含义为将字符串“武汉”替换成“关山”。“运行python表达式”控件设置如图3–46所示。

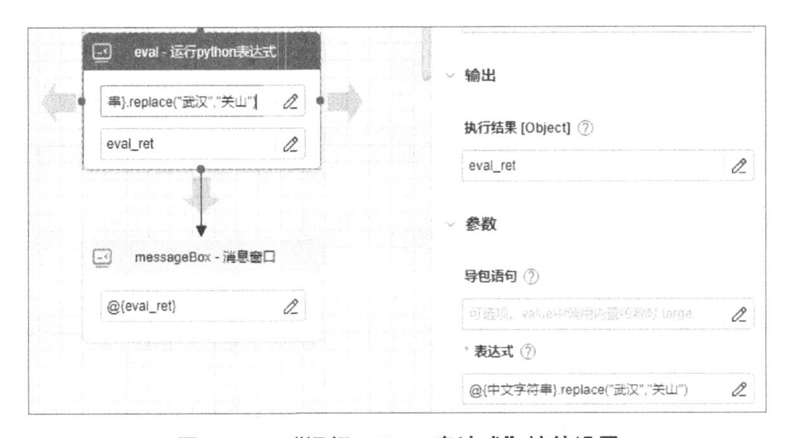

图 3–46　“运行 python 表达式”控件设置

（3）在“运行python表达式”控件下方继续添加“消息窗口”控件，在属性设置栏中设置“消息框内容”栏的值为“@{eval_ret}”，这是上一步“运行python表达式”控件的运行结果，如图3-46所示。

（4）单击软件工具栏中的“运行”按钮或按快捷键“Ctrl+F10”，运行脚本并观察运行结果。消息窗口中的“关山职业技术学院”就是替换后的结果。

【案例3.16】字符数组元素拼接，设置和运行结果如图3-47所示。

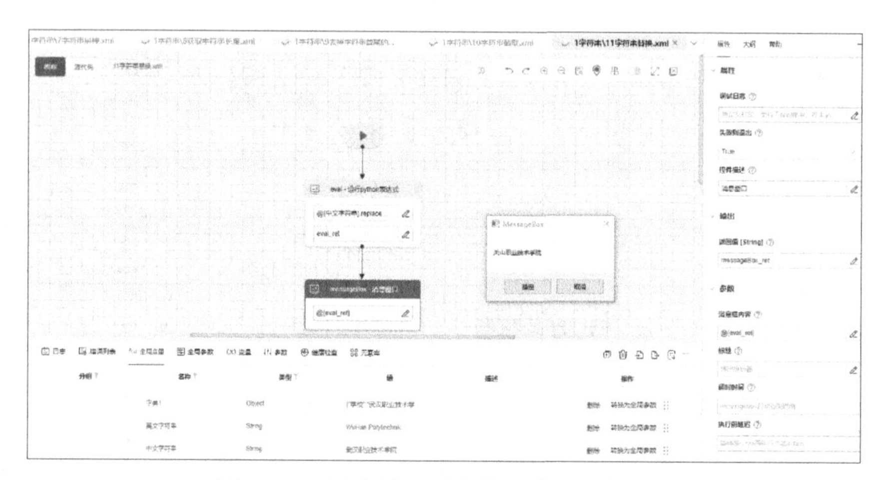

图3-47 字符数组元素拼接设置和运行结果

操作步骤如下。

（1）创建脚本，命名为“字符数组元素拼接”，“开发者”和“描述”中的内容选填。

（2）单击开始图标下方的箭头，在弹出的搜索控件框中输入“运行”，在搜索结果中找到“运行python表达式”控件并选中，在属性设置栏中设置“参数”栏的“表达式”的值为“",".join(@{列表1})”，这是一个Python语言的表达式，含义为用逗号连接“列表1”数组中的各个元素，预期结果应该是“周一，周二，周三”。“运行python表达式”控件设置如图3-48所示。

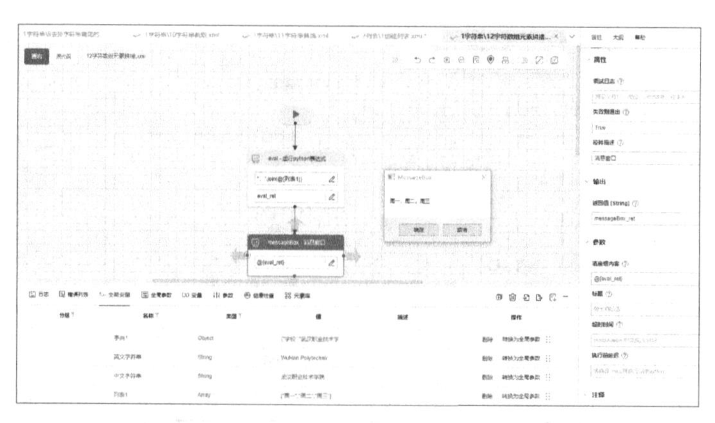

图3-48 “运行 python 表达式”控件设置

（3）在“运行python表达式”控件下方继续添加“消息窗口”控件，在属性设置栏中设置“消息框内容”栏的值为“@{eval_ret}”，这是上一步“运行python表达式”控件的运行结果，如图3–48所示。

（4）单击软件工具栏中的“运行”按钮或按快捷键“Ctrl+F10”，运行脚本观察运行结果。

3.3.2　List 数组操作

列表（List）或称为数组（Array），常用于存放相同类型和用途的一组数据，如多个爱好放在一对中括号“[ ]”中，如“["打球","睡觉","逛街"]”。下面用11个小案例来说明如何操作数组。

【案例3.17】创建列表，设置和运行结果如图3–49所示。

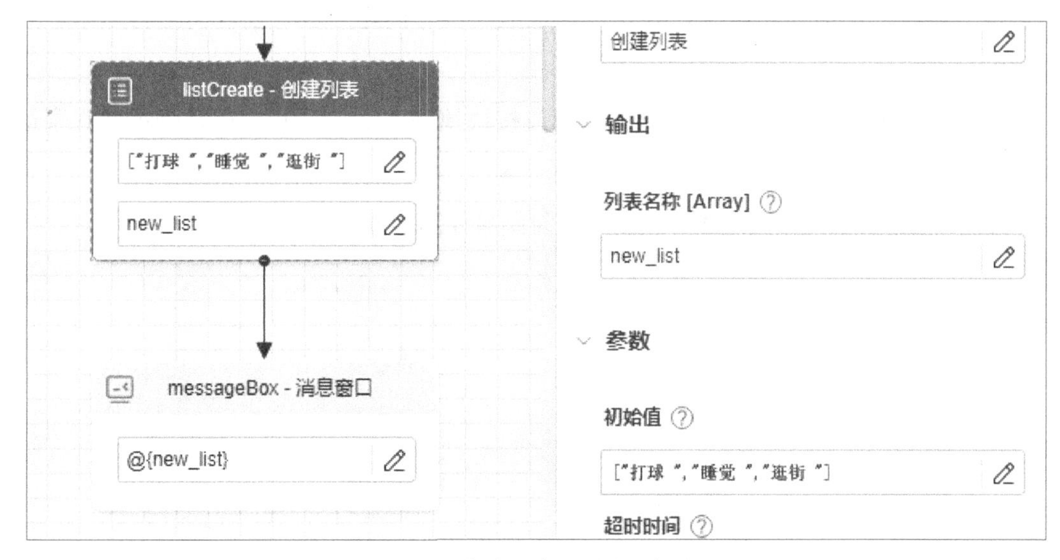

图 3–49　创建列表设置和运行结果

操作步骤如下。

（1）创建脚本，命名为“创建列表”，“开发者”和“描述”中的内容选填。

（2）单击开始图标下方的箭头，在弹出的搜索控件框中输入“列表”，显示出所有与列表相关的控件，在搜索结果中寻找“创建列表”控件并选中，在属性设置栏中设置“初始值”栏的值为“[1,2,3,4,5]”。“创建列表”控件设置如图3–50所示。

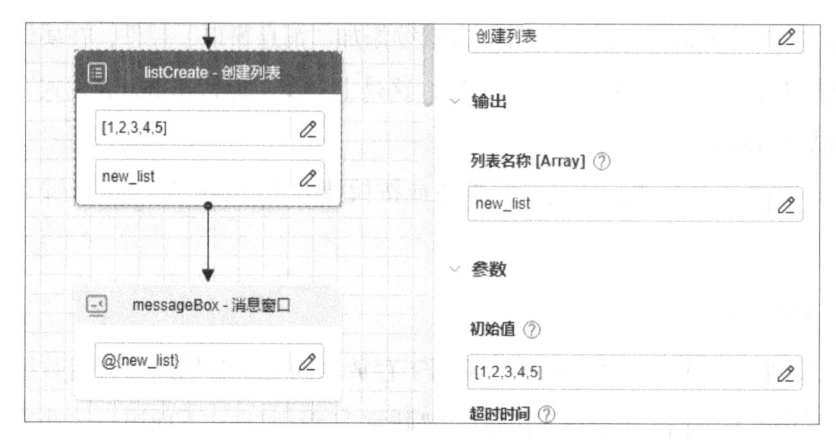

图 3–50 “创建列表”控件设置

（3）在“创建列表”控件下方继续添加“消息窗口”控件，在属性设置栏中设置“消息框内容”栏的值为“@{new_list}”，这是上一步“创建列表”控件的运行结果，如图3–50所示。

（4）单击软件工具栏中的“运行”按钮或按快捷键“Ctrl+F10”，运行脚本并观察运行结果。

【案例3.18】添加元素到列表，设置和运行结果如图3–51所示。

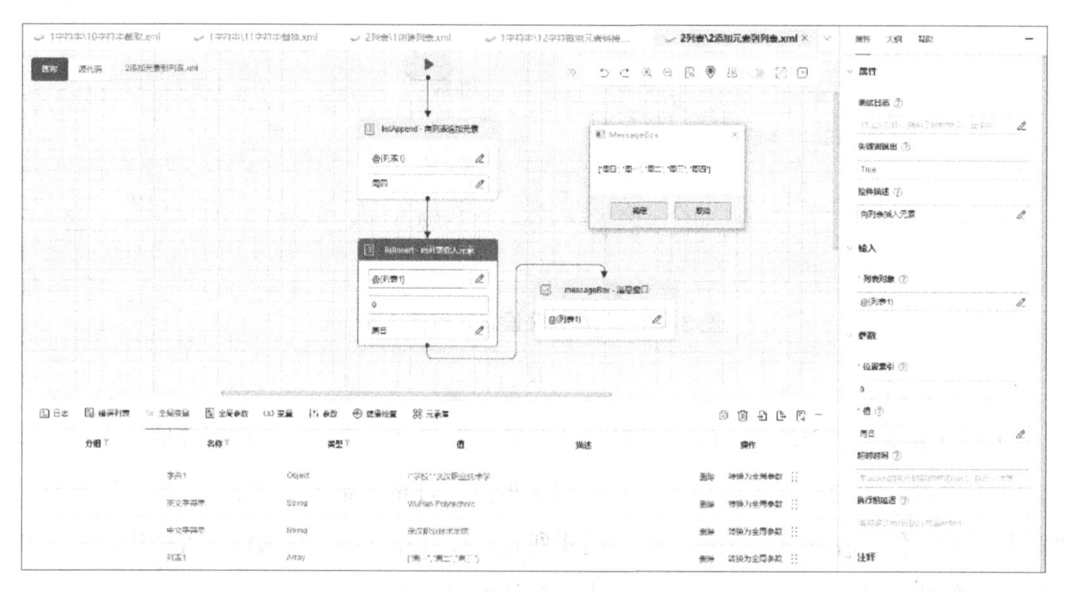

图 3–51 添加元素到列表设置和运行结果

操作步骤如下。

（1）创建脚本，命名为“添加元素到列表”，“开发者”和“描述”中的内容选填。

（2）单击开始图标下方的箭头，在弹出的搜索控件框中输入“列表”，显示出所有与列表相关的控件，在搜索结果中寻找“向列表追加元素”控件并选中，在属性设置栏中设置“输入”栏的“列表对象”为“@{列表1}”，“参数”栏的“值”为“周四”，意图是在“列表1”数组的3个元素后面添加一个“周四”。“向列表追加元素”控件设置如图3–52所示。

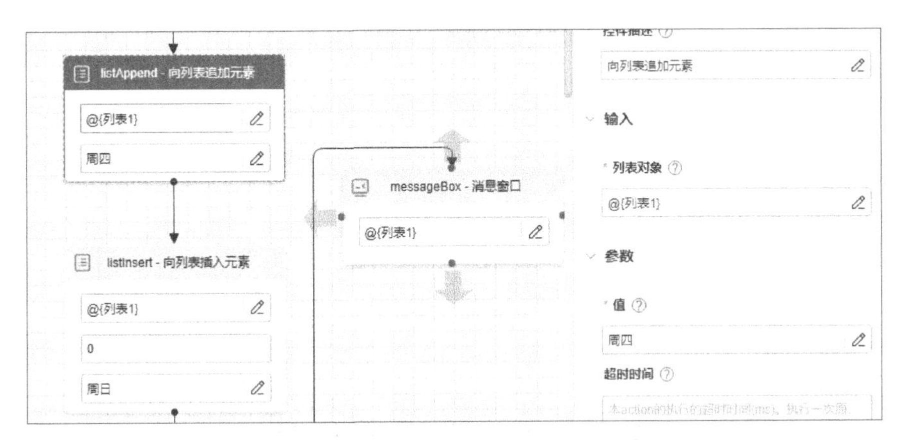

图 3–52　“向列表追加元素”控件设置

（3）单击“向列表追加元素”控件图标下方的箭头，在弹出的搜索控件框中输入“列表”，显示出所有与列表相关的控件，在搜索结果中寻找“向列表插入元素”控件并选中，该控件可以在任意位置添加元素，不仅仅在末尾追加。将属性设置栏“输入”的“列表对象”栏设置为“@{列表1}”，设置“参数”的“位置索引”处为“0”，“值”栏的值为“周日”，意图在“列表1”数组的第一个位置添加一个“周日”。“向列表插入元素”控件设置如图3–53所示。

图 3–53　“向列表插入元素”控件设置

（4）在“向列表插入元素”控件下方继续添加“消息窗口”控件，在属性设置栏中设置“消息框内容”栏的值为“@{列表1}”，这是经过前面两步运行之后数组的运行结果，如图3–53所示。

（5）单击软件工具栏中的“运行”按钮或按快捷键“Ctrl+F10”，运行脚本并观察运行结果。数组“@{列表1}”最终的结果是增加了首尾两个元素。

【案例3.19】删除列表元素，设置和运行结果如图3–54所示。

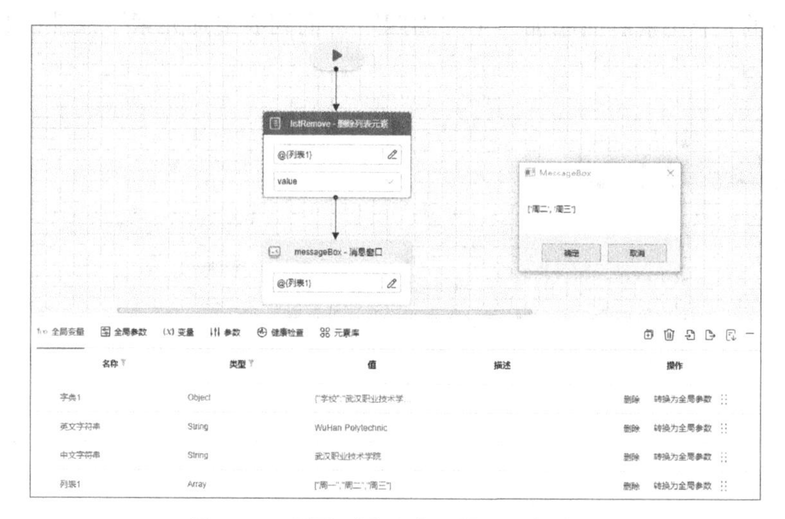

图 3–54　删除列表元素设置和运行结果

操作步骤如下。

（1）创建脚本，命名为“删除列表元素”，“开发者”和“描述”中的内容选填。

（2）单击开始图标下方的箭头，在弹出的搜索控件框中输入“列表”，显示出所有与列表相关的控件，在搜索结果中寻找“删除列表元素”控件并选中，在属性设置栏中设置“输入”栏的“列表对象”为“@{列表1}”，“参数”栏的“删除元素的方式”的值为“index”，相对应的“位置索引”值为“0”，意图是删除“列表1”数组的第一个元素。也可以设置“删除元素的方式”的值为“value”。相对应的设置“待删除内容”为“周一”，跟刚才的效果一致。“删除列表元素”控件设置如图3–55所示。

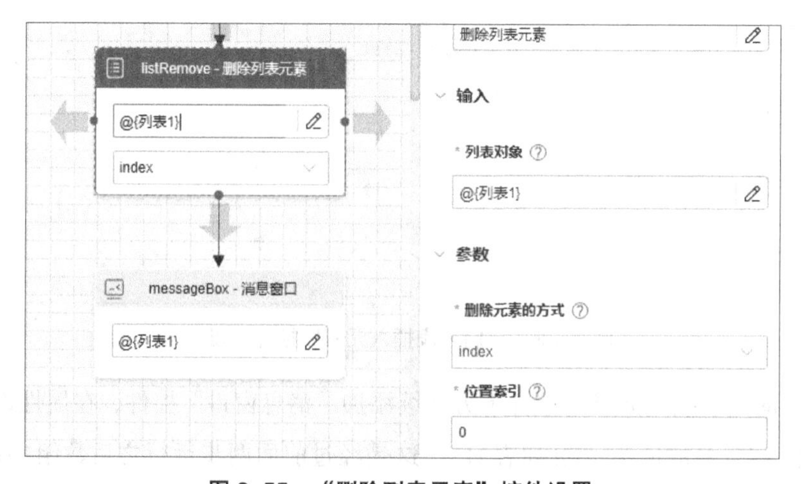

图 3–55　“删除列表元素”控件设置

（3）在“删除列表元素”控件下方继续添加“消息窗口”控件，在属性设置栏中设置“消息框内容”栏的值为“@{列表1}”，这是上一步“删除列表元素”控件的运行结果，如图3–55所示。

（4）单击软件工具栏中的“运行”按钮或按快捷键“Ctrl+F10”，运行脚本并观察运行结果。查看经过删除后的数组“列表1”的结果。

【案例3.20】获取列表元素或元素索引，设置和运行结果如图3–56所示。

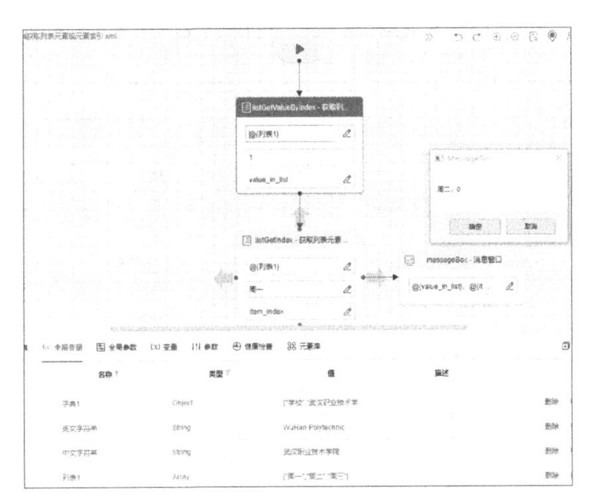

图3–56　获取列表元素或元素索引设置和运行结果

操作步骤如下。

（1）创建脚本，命名为“获取列表元素或元素索引”，“开发者”和“描述”中的内容选填。

（2）单击开始图标下方的箭头，在弹出的搜索控件框中输入“列表”，显示出所有与列表相关的控件，在搜索结果中寻找“获取列表元素”控件并选中，在属性设置栏中设置“输入”栏的“列表对象”为“@{列表1}”，“参数”栏的“位置索引”的值为“1”，意图是获得“列表1”数组的第一个元素，结果为“列表值”中的“value_in_list”。“获取列表元素”控件设置如图3–57所示。

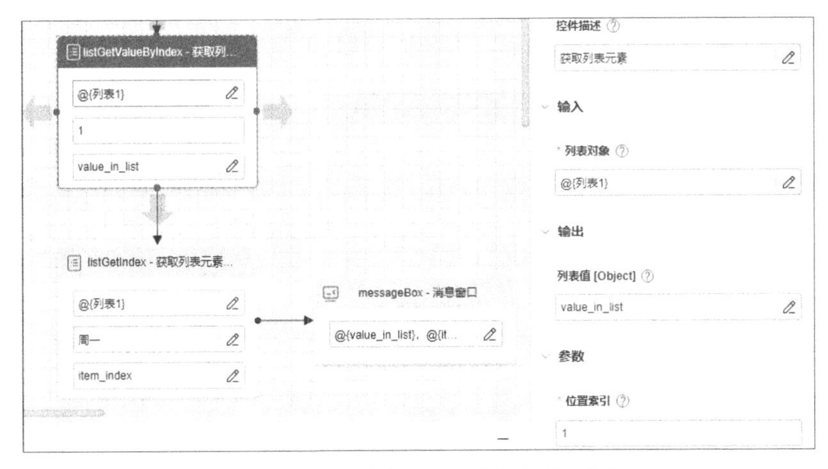

图3–57　“获取列表元素”控件设置

（3）单击“获取列表元素”图标下方的箭头，在弹出的搜索控件框中输入“列表”，显示出所有与列表相关的控件，在搜索结果中寻找“获取列表元素索引”控件并选中，在属性设置栏中设置“输入”栏的“列表对象”为“@{列表1}”，“参数”栏的“待查找元素”的值为“周一”，意图是获得“列表1”数组中“周一”的位置，结果为“元素索引值”中的“item_index”。“获取列表元素索引”控件设置如图3–58所示。

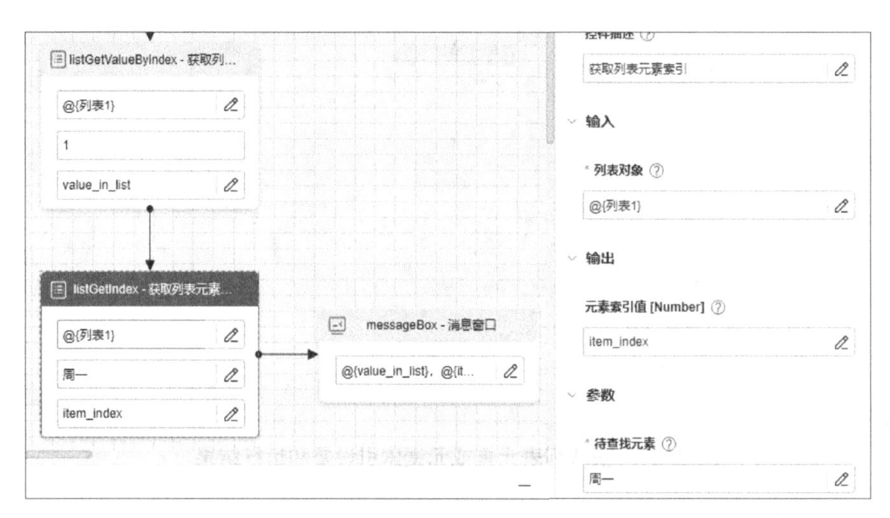

图 3–58 “获取列表元素索引”控件设置

（4）在“获取列表元素索引”控件下方继续添加“消息窗口”控件，在属性设置栏中设置“消息框内容”栏的值为“@{value_in_list}，@{item_index}”，这是前面两步控件的运行结果，如图3–58所示。

（5）单击软件工具栏中的“运行”按钮或按快捷键“Ctrl+F10”，运行脚本并观察运行结果。消息窗口中的“周二”是数组中下表为“1”的元素值，“0”是“周一”在数组中的位置。

【案例3.21】截取子列表，设置和运行结果如图3–59所示。

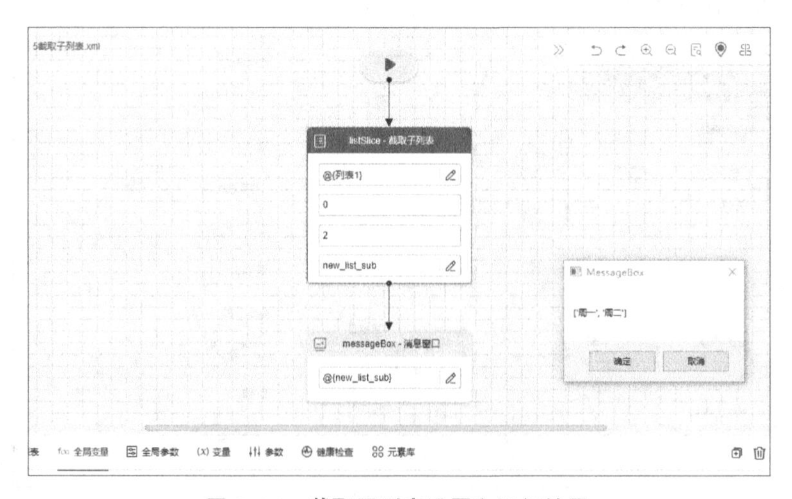

图 3–59 截取子列表设置和运行结果

操作步骤如下。

（1）创建脚本，命名为“截取子列表”，“开发者”和“描述”中的内容选填。

（2）单击开始图标下方的箭头，在弹出的搜索控件框中输入“列表”，显示出所有与列表相关的控件，在搜索结果中找到“截取子列表”控件并选中，在属性设置栏中设置“输入”栏的“列表对象”为“@{列表1}”，“参数”栏的“起始位置”的值为“0”，“结束位置”的值为“2”，“步长”的值为“1”，意图是截取“列表1”数组的第一个元素到第二个元素，结果为“新列表名称”中的“new_list_sub”。“截取子列表”控件设置如图3-60所示。

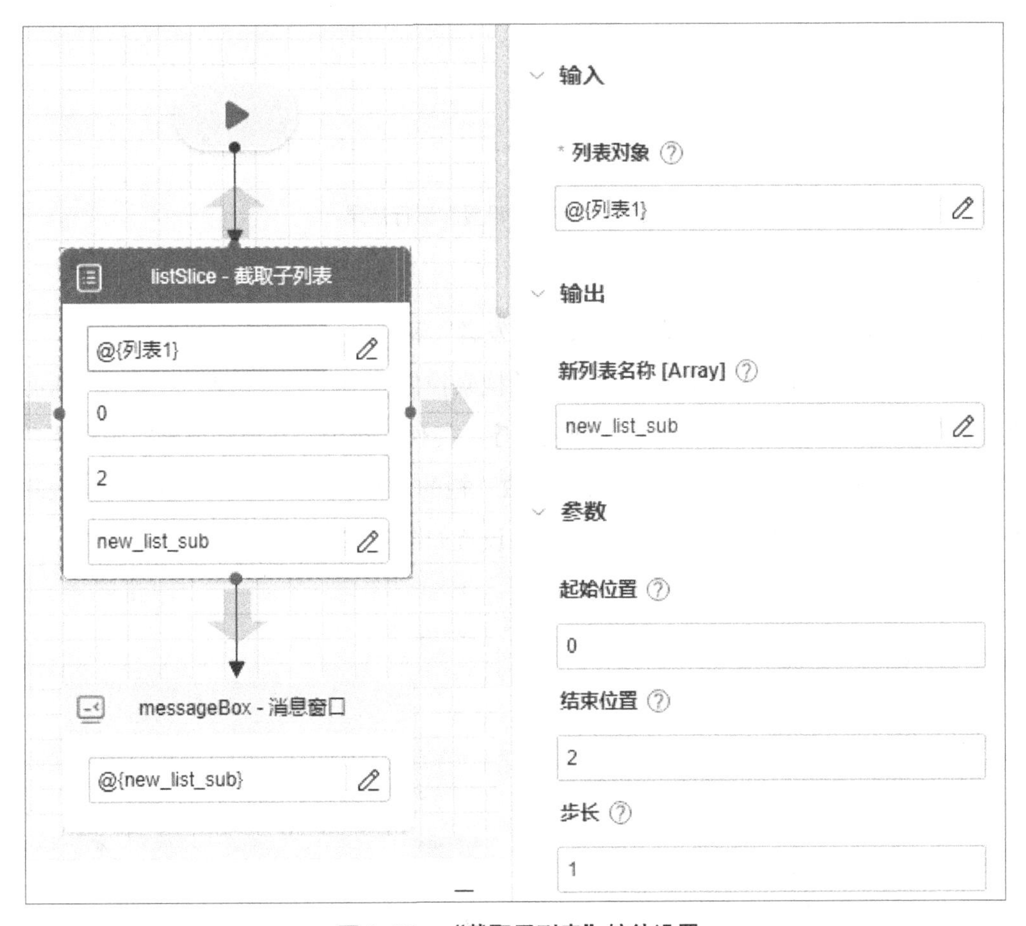

图 3-60　“截取子列表”控件设置

（3）在“截取子列表”控件下方继续添加“消息窗口”控件，在属性设置栏中设置“消息框内容”栏的值为“@{new_list_sub}”，显示截取后的新列表，如图3-60所示。

（4）单击软件工具栏中的“运行”按钮或按快捷键“Ctrl+F10”，运行脚本并观察运行结果。新列表是原数组的前两个元素。

【案例3.22】列表排序，设置和运行结果如图3-61所示。

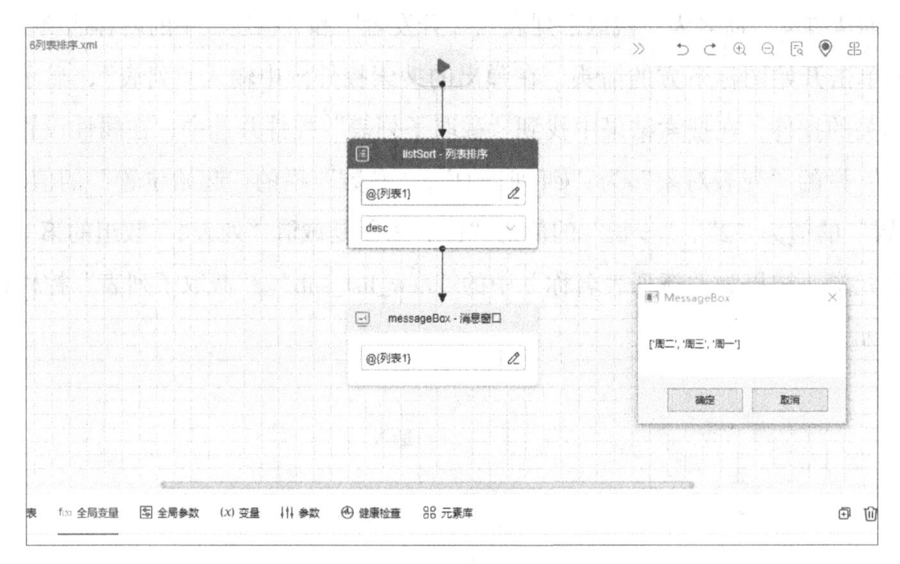

图 3-61 列表排序设置和运行结果

操作步骤如下。

（1）创建脚本，命名为“列表排序”，“开发者”和“描述”中的内容选填。

（2）单击开始图标下方的箭头，在弹出的搜索控件框中输入“列表”，显示出所有与列表相关的控件，在搜索结果中寻找“列表排序”控件并选中，在属性设置栏中设置“输入”栏的“列表对象”为“@{列表1}”，“参数”栏的“排序方式”为“desc”，代表降序配列，“asc”代表升序排列。“列表排序”控件设置如图3-62所示。

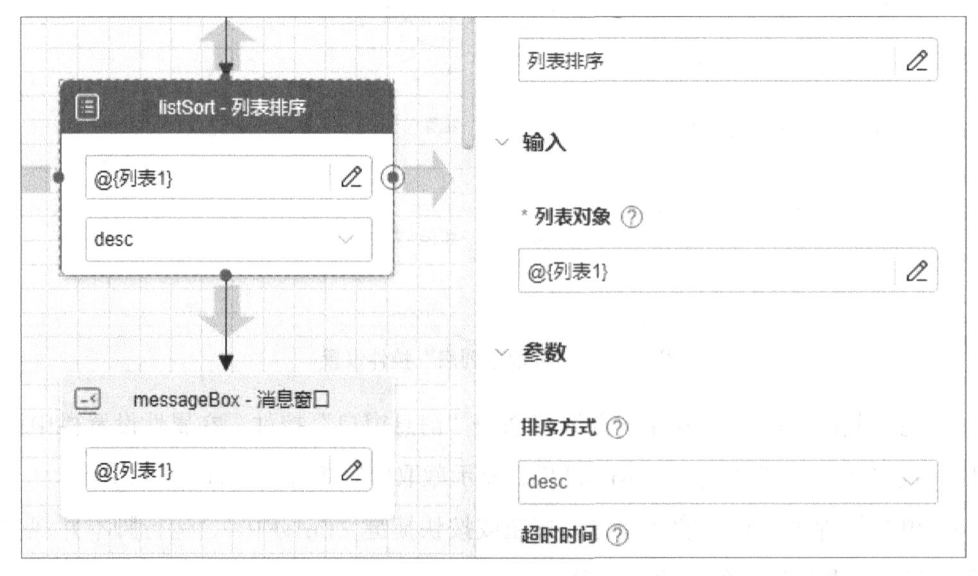

图 3-62 “列表排序”控件设置

（3）在“列表排序”控件下方继续添加“消息窗口”控件，在属性设置栏中设置“消息框内容”栏的值为“@{列表1}”，显示“列表1”的排序结果，如图3–62所示。

（4）单击软件工具栏中的“运行”按钮或按快捷键“Ctrl+F10”，运行脚本并观察运行结果。中文排序的依据是汉语拼音首字母，首字母相同的比较第二个字的首字母。

【案例3.23】合并列表，设置和运行结果如图3–63所示。

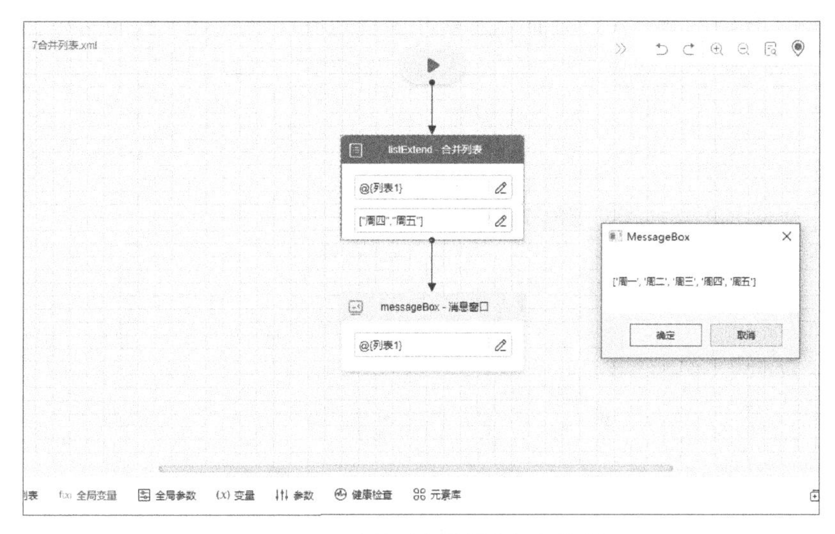

图3–63　合并列表设置和运行结果

操作步骤如下。

（1）创建脚本，命名为“合并列表”，“开发者”和“描述”中的内容选填。

（2）单击开始图标下方的箭头，在弹出的搜索控件框中输入“列表”，在搜索结果中寻找“合并列表”控件并选中，在属性设置栏中设置“输入”栏的“列表对象”为“@{列表1}”，“参数”栏的“待合并列表”的值为“["周四","周五"]”，将两个数组合并成一个数组。“合并列表”控件设置如图3–64所示。

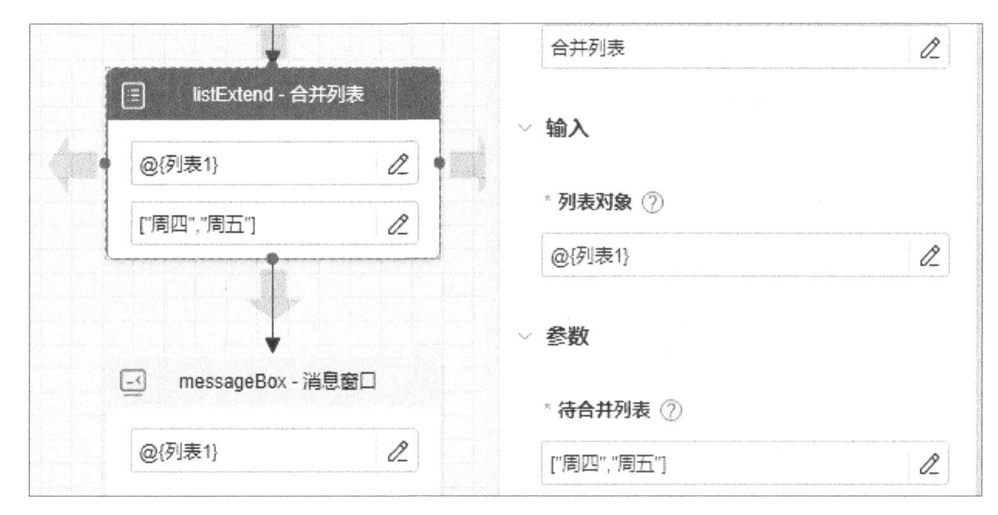

图3–64　“合并列表”控件设置

（3）在“合并列表”控件下方继续添加“消息窗口”控件，在属性设置栏中设置“消息框内容”栏的值为“@{列表1}”，显示合并后新列表的内容，如图3–64所示。

（4）单击软件工具栏中的“运行”按钮或按快捷键“Ctrl+F10”，运行脚本并观察运行结果。

【案例3.24】判断列表中是否存在某元素，设置和运行结果如图3–65所示。

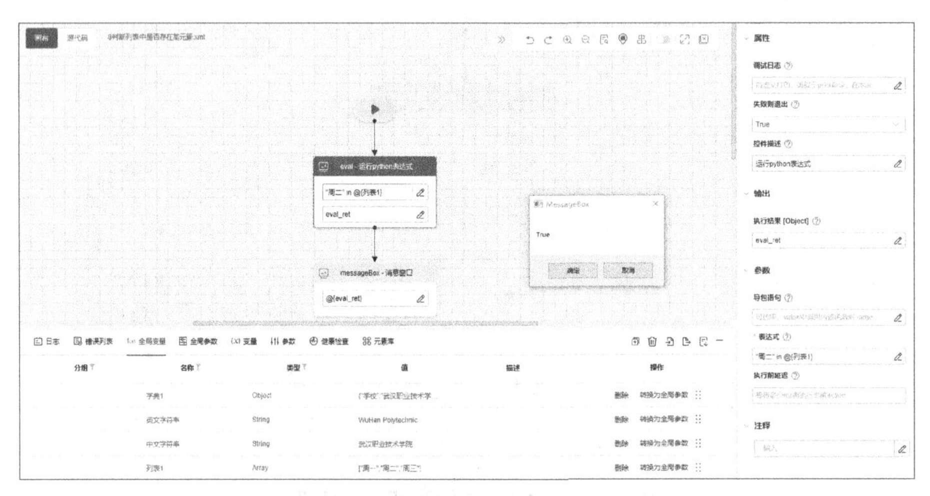

图3–65 判断列表中是否存在某元素设置和运行结果

操作步骤如下。

（1）创建脚本，命名为“判断列表中是否存在某元素”，“开发者”和“描述”中的内容选填。

（2）单击开始图标下方的箭头，在弹出的搜索控件框中找到“运行python表达式”控件并选中，在属性设置栏中设置“参数”栏的“表达式”的值为““周二" in @{列表1}”，判断“周二”是否存在于“列表1”数组中。“运行python表达式”控件设置如图3–66所示。

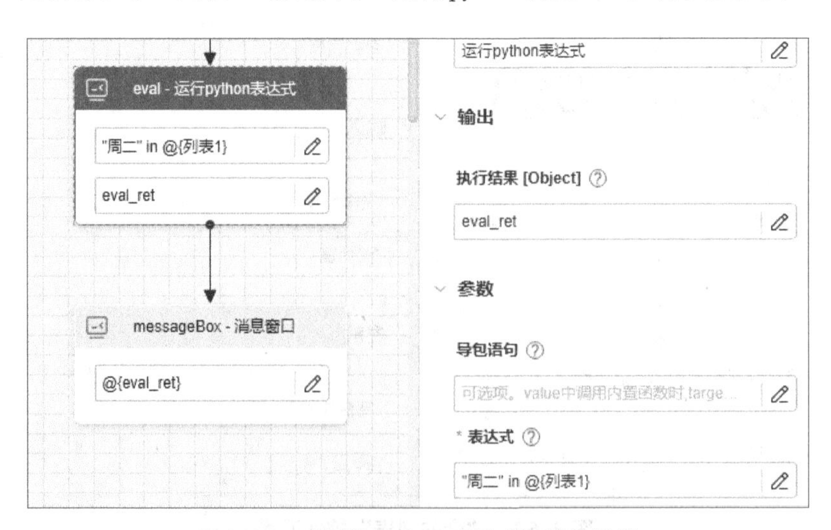

图3–66 “运行 python 表达式”控件设置

（3）在“运行 python 表达式”控件下方继续添加“消息窗口”控件，在属性设置栏中设置“消息框内容”栏的值为“@{eval_ret}”，这是上一步“运行 python 表达式”控件的运行结果，设置参考如图 3–66 所示。

（4）单击软件工具栏中的“运行”按钮或按快捷键“Ctrl+F10”，运行脚本并观察运行结果。

【案例 3.25】统计列表中某元素的个数，设置和运行结果如图 3–67 所示。

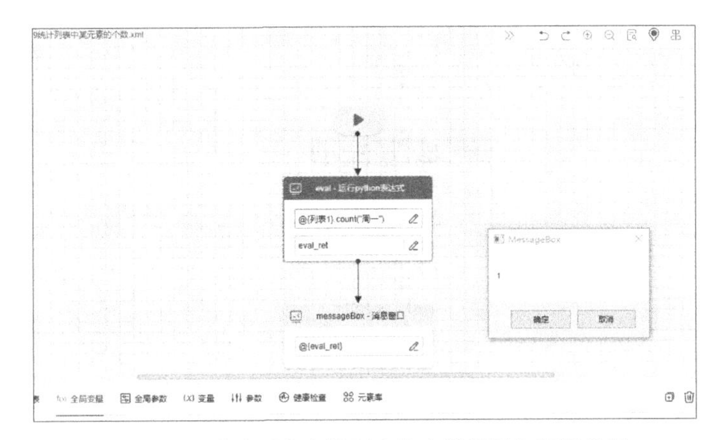

图 3–67　统计列表中某元素的个数设置和运行结果

操作步骤如下。

（1）创建脚本，命名为“统计列表中某元素的个数”，“开发者”和“描述”中的内容选填。

（2）单击开始图标下方的箭头，在弹出的搜索控件框中找到“运行 python 表达式”控件并选中，在属性设置栏中设置“参数”栏的“表达式”的值为“@{列表 1}.count（"周一"）”，判断“周一”在“列表 1”数组中有几个。“运行 python 表达式”控件设置如图 3–68 所示。

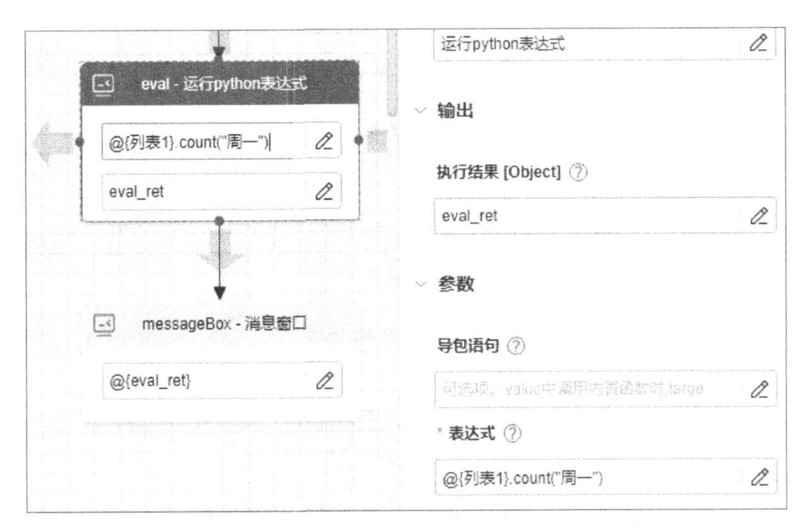

图 3–68　“运行 python 表达式”控件设置

（3）在“运行python表达式”控件下方继续添加“消息窗口”控件，在属性设置栏中设置“消息框内容”栏的值为“@{eval_ret}”，这是上一步“运行python表达式”控件的运行结果，如图3-68所示。

（4）单击软件工具栏中的“运行”按钮或按快捷键“Ctrl+F10”，运行脚本并观察运行结果。消息窗口中的“1”表示数组中有1个“周一”。

【案例3.26】列表清空，设置和运行结果如图3-69所示。

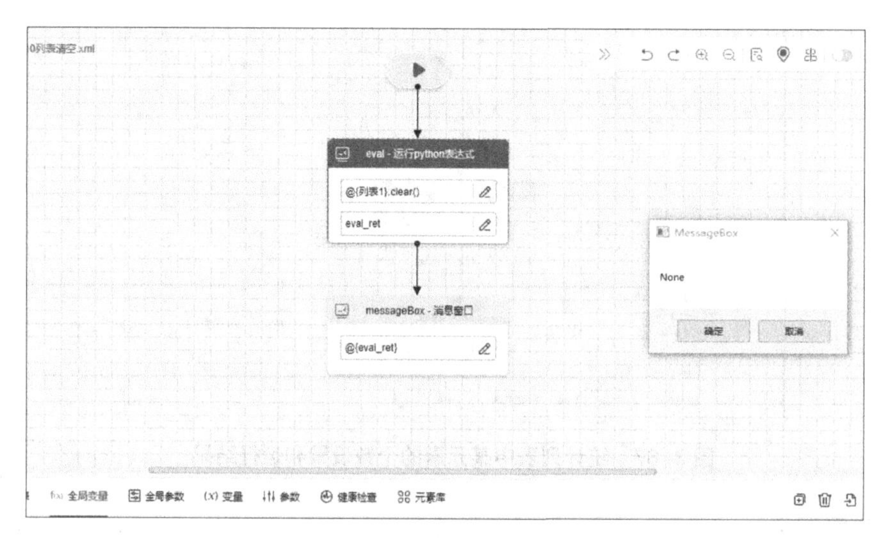

图 3-69 列表清空设置和运行结果

操作步骤如下。

（1）创建脚本，命名为“列表清空”，“开发者”和“描述”中的内容选填。

（2）单击开始图标下方的箭头，在弹出的搜索控件框中找到“运行python表达式”控件并选中，在属性设置栏中设置“参数”栏的“表达式”的值为“@{列表1}.clear()”，清空“列表1”数组中的值。“运行python表达式”控件设置如图3-70所示。

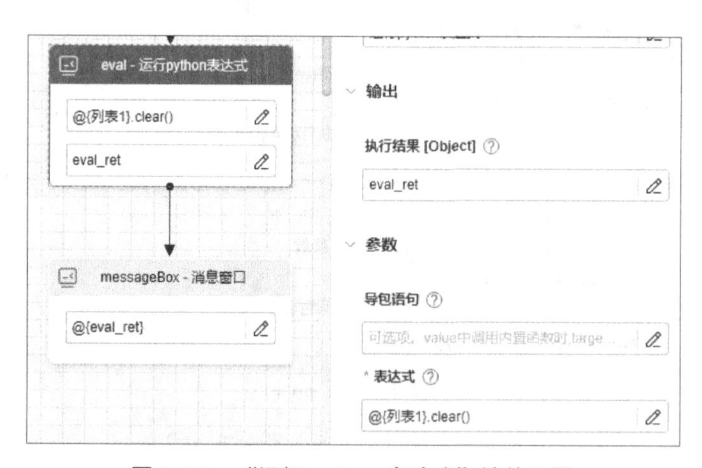

图 3-70 “运行 python 表达式”控件设置

（3）在“运行python表达式”控件下方继续添加“消息窗口”控件，在属性设置栏中设置“消息框内容”栏的值为“@{eval_ret}”，这是上一步“运行python表达式”控件的运行结果，如图3-70所示。

（4）单击软件工具栏中的“运行”按钮或按快捷键“Ctrl+F10”，运行脚本并观察运行结果。消息窗口显示“None”代表没有数据。

【案例3.27】列表的遍历，设置和运行结果如图3-71所示。

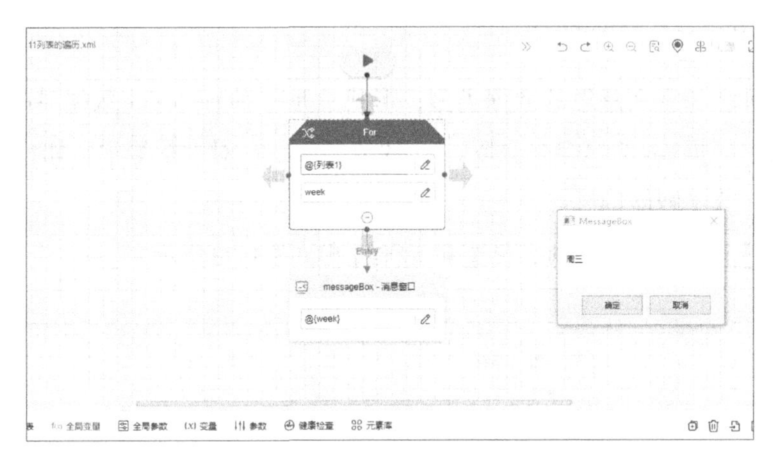

图3-71　列表的遍历设置和运行结果

操作步骤如下。

（1）创建脚本，命名为“列表的遍历”，“开发者”和“描述”中的内容选填。

（2）单击开始图标下方的箭头，在弹出的搜索控件框中输入“遍历”，在搜索结果中找到“遍历计次循环”控件并选中，在属性设置栏中设置“数据集合”栏的值为“@{列表1}”，“条目名称”的值为“week”，依次查看“列表1”数组中的所有值。“遍历计次循环”控件设置如图3-72所示。

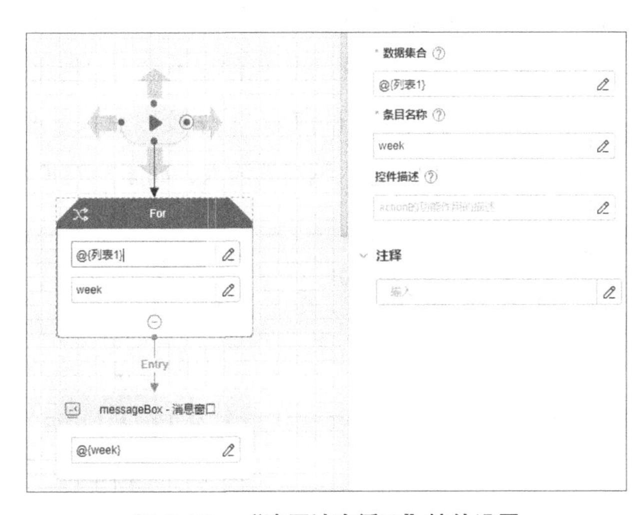

图3-72　“遍历计次循环”控件设置

（3）在“遍历计次循环”控件下方继续添加“消息窗口”控件，在属性设置栏中设置“消息框内容”栏的值为“@{week}”，这是上一步“遍历计次循环”控件中的一个条目，如图3-72所示。

（4）单击软件工具栏中的“运行”按钮或按快捷键“Ctrl+F10”，运行脚本并观察运行结果。消息窗口依次出现数组的各个元素，每显示一个元素需要我们单击“确定”或“取消”按钮来查看下一个元素。

3.3.3 Dictionary 字典操作

字典是一种名如字面意思的数据类型，形式上是一种key/value数据对的格式，简称kv对或键值对，根据key的内容来获取value的值，放在一对大括号中，如{‘单位’：‘武职’，‘专业’：‘人工智能’}。

【案例3.28】添加元素到字典，设置和运行结果如图3-73所示。

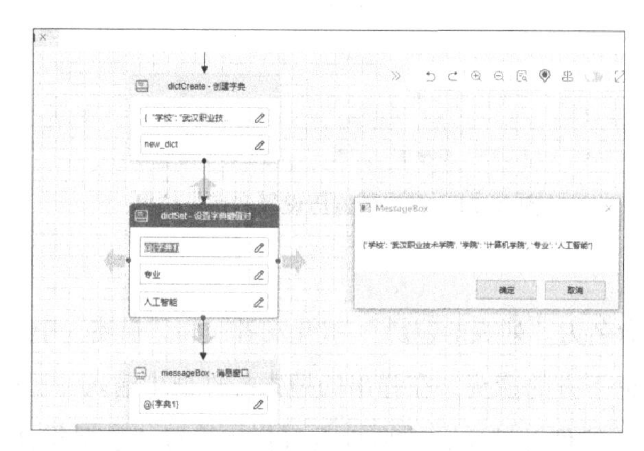

图 3–73　添加元素到字典设置和运行结果

操作步骤如下。

（1）创建脚本，命名为“添加元素到字典”，“开发者”和“描述”中的内容选填。

（2）单击开始图标下方的箭头，在弹出的搜索控件框中输入“创建字典”控件并选中，在属性设置栏中设置“参数”栏的“初始值”的值为“{"学校":"武汉职业技术学院","学院":"计算机学院"}”，也可以双击“初始值”进入编辑器输入，如图3-74所示。

图 3–74　“添加元素到字典”初始值设置

（3）在“创建字典”图标下方添加“设置字典键值对”控件并选中，在属性设置栏中设置“输入”栏的“字典对象”的值为“@{字典1}”，“参数”栏的“键名”的值为“专业”，“键值”的值为“人工智能”，如图3–75所示。

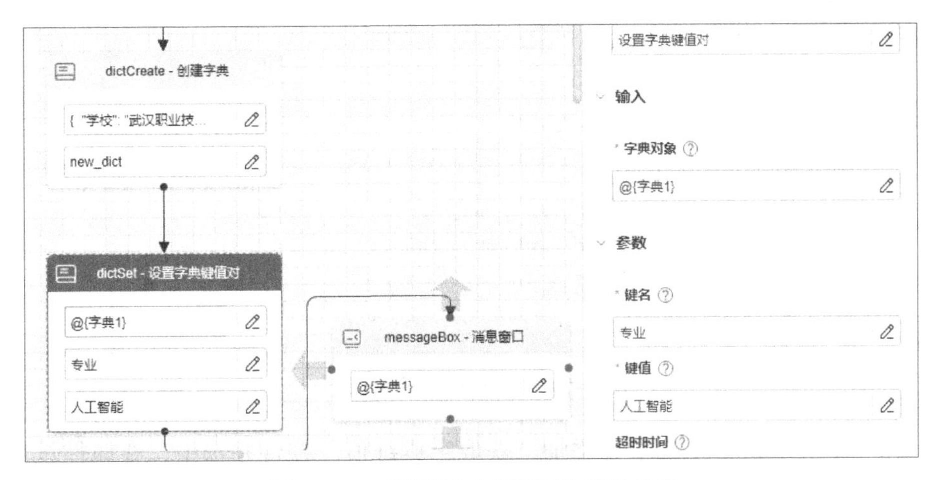

图3–75 “设置字典键值对”控件设置

（4）在“设置字典键值对”控件下方继续添加“消息窗口”控件，设置“消息框内容”栏的值为“@{字典1}”，显示现在“字典1”的结果，如图3–75所示。

（5）单击软件工具栏中的“运行”按钮或按快捷键“Ctrl+F10”，运行脚本并观察运行结果。消息窗口显示了“字典1”的所有内容，特别是新增了刚添加的“专业”内容。

【案例3.29】根据指定键取值，设置和运行结果如图3–76所示。

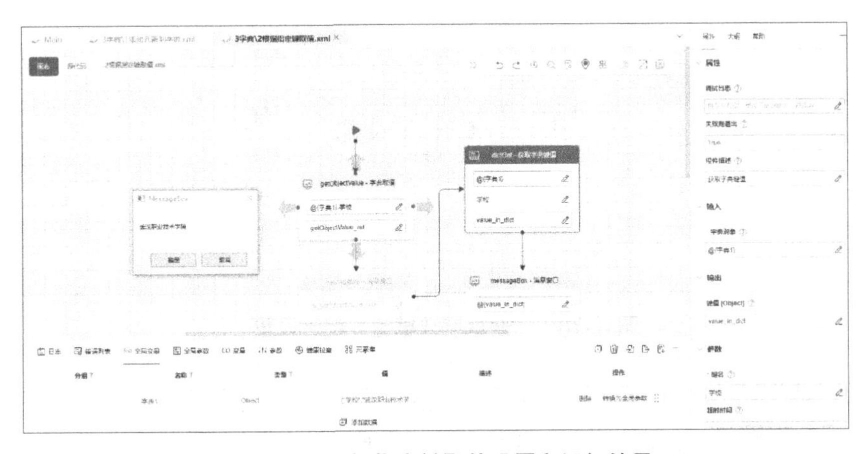

图3–76 根据指定键取值设置和运行结果

操作步骤如下。

（1）创建脚本，命名为“根据指定键取值”，“开发者”和“描述”中的内容选填。

（2）单击开始图标下方的箭头，在弹出的搜索控件框中输入“字典”，找到“字典取值”控件并选中，在属性设置栏中设置“参数”栏的“取值的Key”的值为“@{字典1}.学校”，获取字典变量“字典 1”中的“学校”的值，预期应该是“武汉职业技术学院”，如图 3–77 所示。

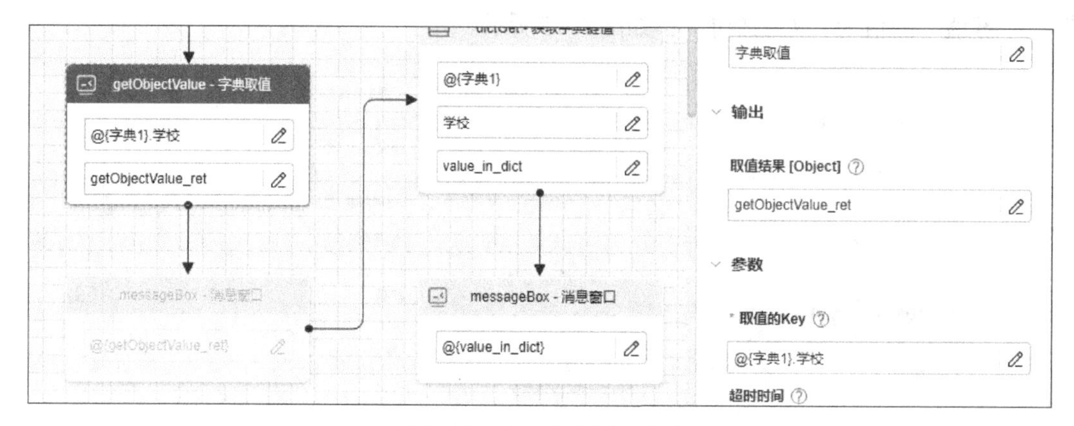

图 3–77 “字典取值”设置

（3）在“字典取值”图标下方添加“获取字典键值”控件并选中，在属性设置栏中设置“输入”栏的“字典对象”的值为“@{字典 1}”，“参数”栏的“键名”的值为“学校”，如图 3–78 所示。

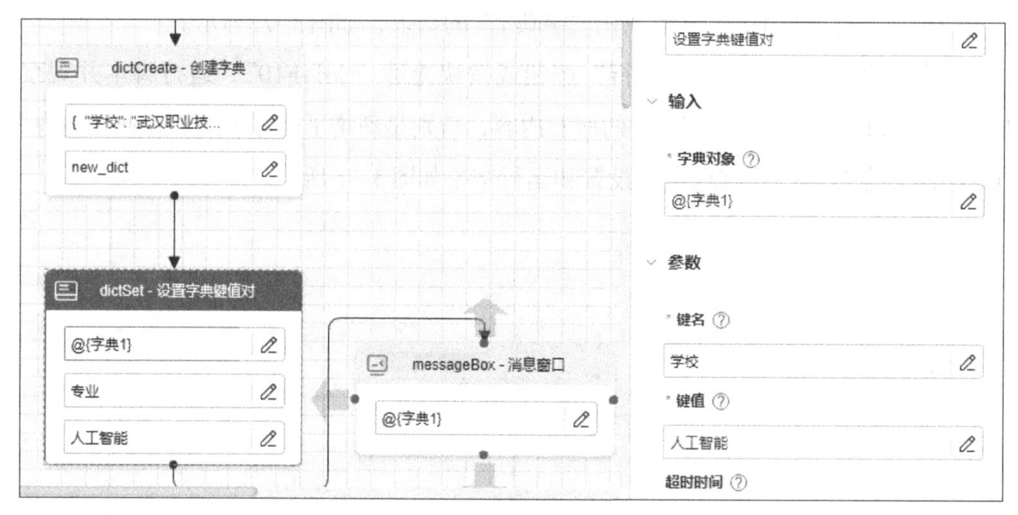

图 3–78 “获取字典键值”控件设置

（4）在“获取字典键值”控件下方继续添加“消息窗口”控件，设置“消息框内容”栏的值为“@{ getObjectValue_ret }”，显示现在“字典 1”“学校”的结果，如图 3–77 所示。

（5）在“获取字典键值”控件下方继续添加“消息窗口”控件，设置“消息框内容”栏的值为“@{value_in_dict}”，显示现在“字典 1”的“学校”的结果，如图 3–77 所示。

（6）单击软件工具栏中的“运行”按钮或按快捷键“Ctrl+F10”，运行脚本并观察运行结果。

【案例3.30】获取字典的键名列表、键值列表，设置和运行结果如图3-79所示。

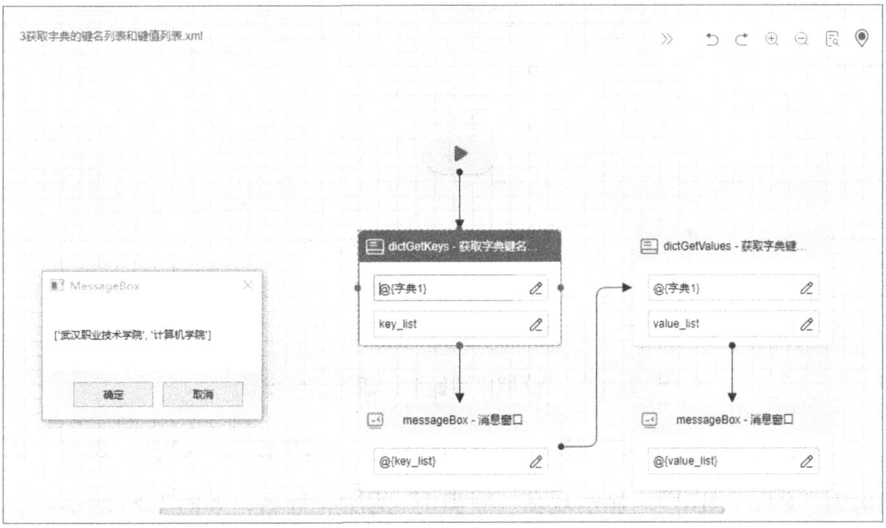

图3-79 获取字典的键名列表、键值列表设置和运行结果

操作步骤如下。

（1）创建脚本，命名为“获取字典的键名列表和键值列表”，“开发者”和“描述”中的内容选填。

（2）单击开始图标下方的箭头，添加“获取字典键名列表”控件并选中，在属性设置栏中设置“输入”栏的“字典对象”的值为“@{字典1}“，获取“字典1”的所有键名，并放在一个列表“key_list”中，如图3-80所示。

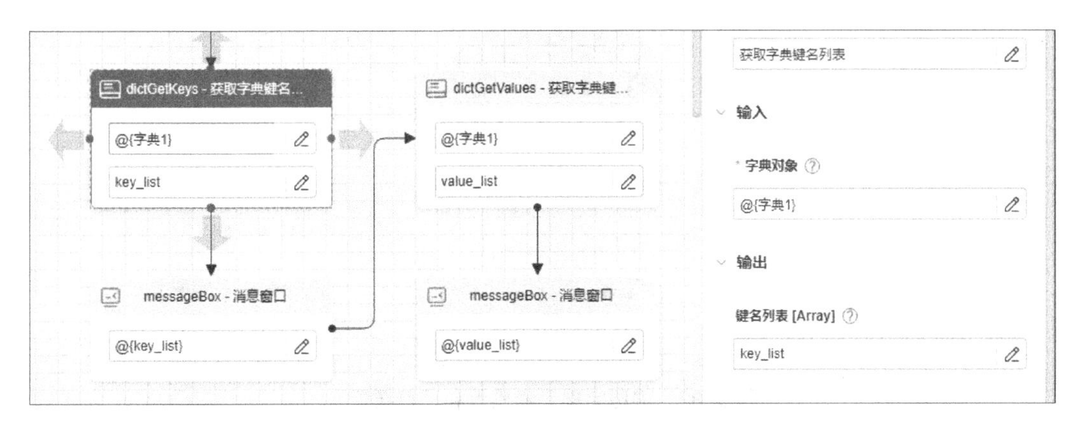

图3-80 “获取字典键名列表”控件设置

（3）在“获取字典键名列表”图标下方添加“获取字典键值列表”控件并选中，在属性设置栏中设置“输入”栏的“字典对象”的值为“@{字典1}”，获取“字典1”的所有键值，并放在一个列表“value_list”中，如图3-81所示。

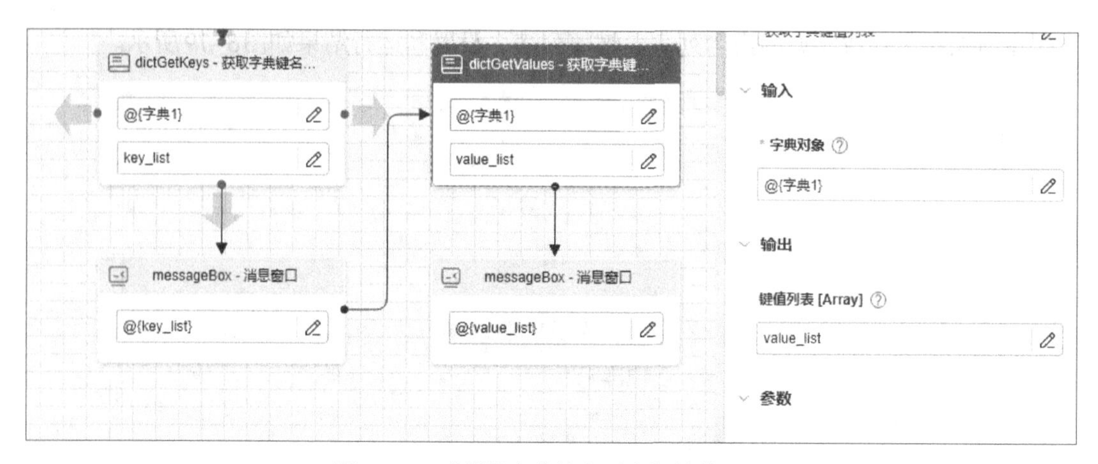

图 3-81　“获取字典键名列表”控件设置

（4）在“获取字典键名列表”控件下方继续添加“消息窗口”控件，设置“消息框内容”栏的值为“@{key_list}”，显示现在“字典1”的所有键名，如图3-81所示。

（5）在“获取字典键名列表”控件下方继续添加“消息窗口”控件，设置“消息框内容”栏的值为“@{value_list}”，显示现在“字典1”的所有键值，如图3-81所示。

（6）单击软件工具栏中的“运行”按钮或按快捷键“Ctrl+F10”，运行脚本观察运行结果。消息窗口显示了“字典1”的所有键名，然后又出现第二个窗口，显示所有键值。

【案例3.31】遍历字典元素，设置和运行结果如图3-82所示。

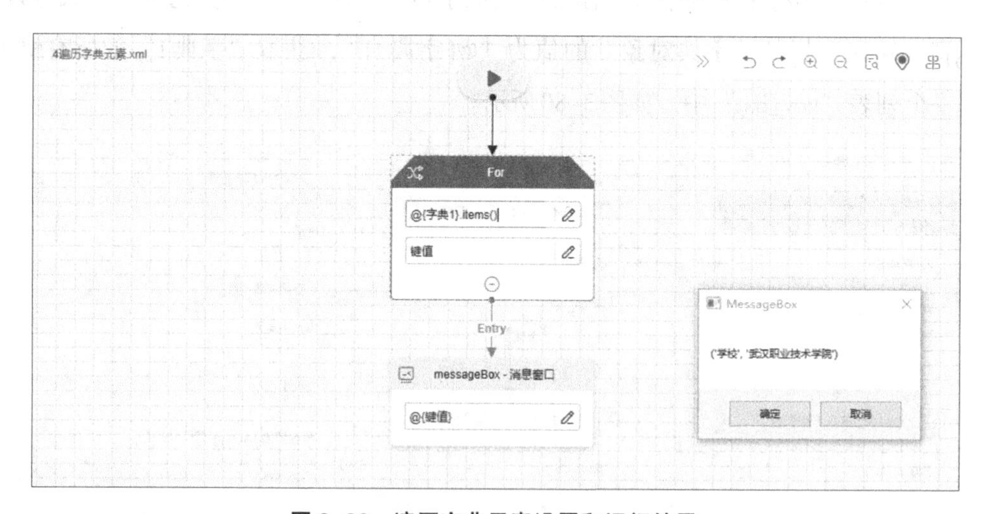

图 3-82　遍历字典元素设置和运行结果

操作步骤如下。

（1）创建脚本，命名为“遍历字典元素”，“开发者”和“描述”中的内容选填。

（2）在开始图标下方添加“计次遍历”控件并选中，在属性设置栏中设置“数据集合”的值为“@{字典1}.items()”，“条目名称”的值为“键值”，如图3-83所示。

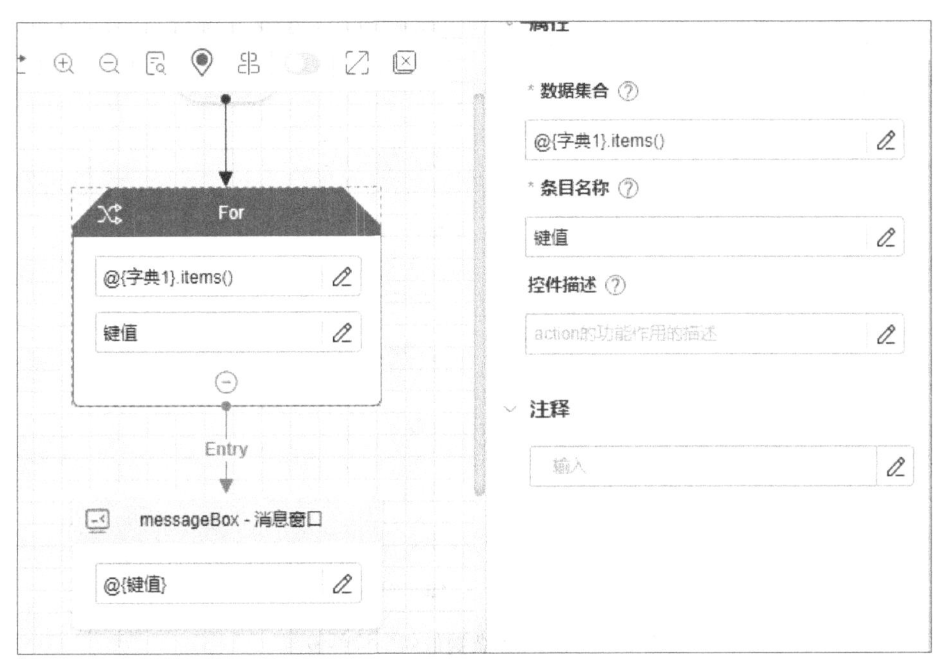

图 3–83 “计次遍历”控件设置

（3）在“计次遍历”控件下方继续添加“消息窗口”控件，设置“消息框内容”栏的值为“@{ 键值 }”，如图 3–83 所示。

（4）单击软件工具栏中的“运行”按钮或按快捷键“Ctrl+F10”，运行脚本并观察运行结果。“字典 1”的所有键值依次显示在消息窗口中。

【案例 3.32】删除字典键值对，设置和运行结果如图 3–84 所示。

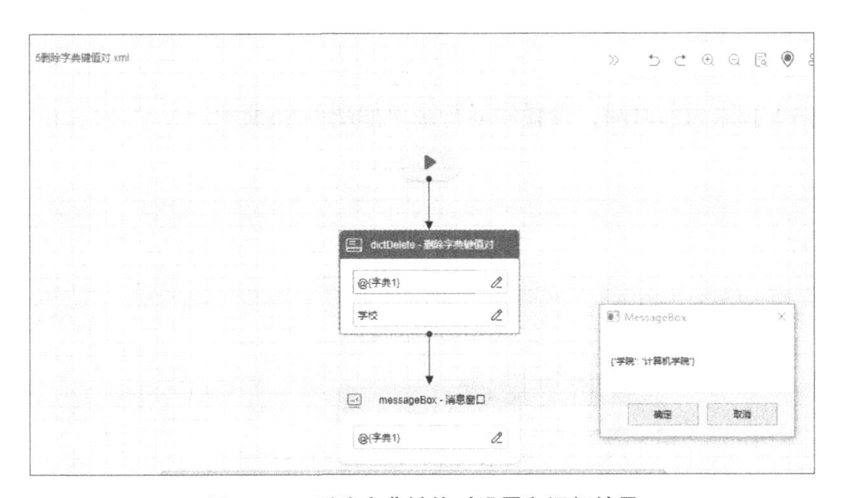

图 3–84 删除字典键值对设置和运行结果

操作步骤如下。

（1）创建脚本，命名为“删除字典键值对”，“开发者”和“描述”中的内容选填。

（2）在开始图标下方添加“删除字典键值对”控件并选中，在属性设置栏中设置“输入”栏的“字典对象”的值为“@{字典1}”，“参数”栏的“键名”的值为“学校”，删除键名为“学校”的键值对，如图3-85所示。

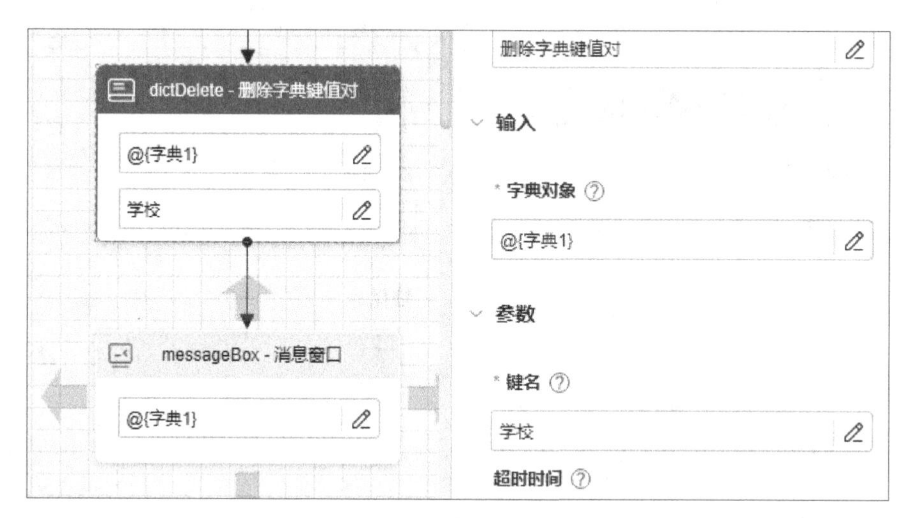

图 3-85 “删除字典键值对”控件设置

（3）在“删除字典键值对”控件下方继续添加“消息窗口”控件，设置“消息框内容”栏的值为“@{字典1}”，显示现在“字典1”的最新结果，如图3-85所示。

（4）单击软件工具栏中的“运行”按钮或按快捷键“Ctrl+F10”，运行脚本并观察运行结果。消息窗口显示了“字典1”的所有内容，已经没有“学校”键值对。

3.3.4 Datetime 日期操作

在日常工作中，我们经常要处理日期，比如日程表。Datetime就是用来存储日期的数据类型。

【案例3.33】获取当前时间，设置和运行结果如图3-86所示。

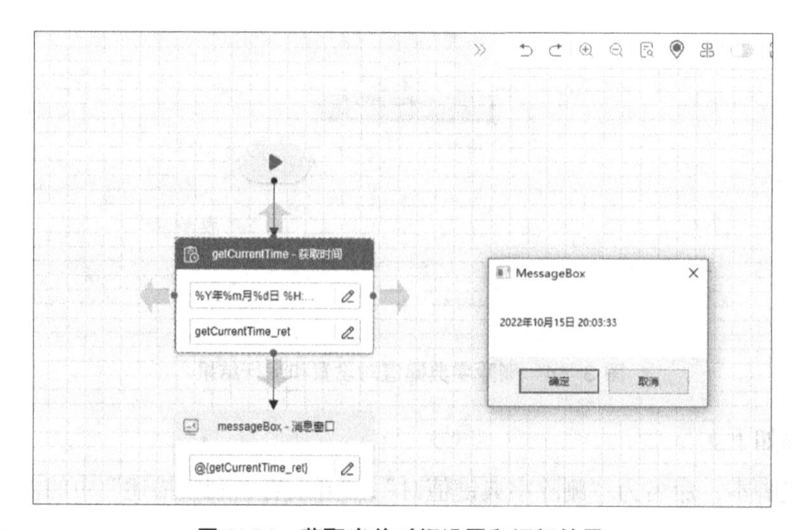

图 3-86 获取当前时间设置和运行结果

操作步骤如下。

（1）创建脚本，命名为“获取当前时间”，“开发者”和“描述”中的内容选填。

（2）在开始图标下方添加“获取时间”控件并选中，在属性设置栏中设置“参数”栏的“时间格式”的值为“%Y年%m月%d日 %H：%M：%S”，“%Y”处会显示年份如“2023”，“%m”处会显示月份，“%d”处会显示日，“%H：%M：%S”处则显示时、分、秒，如图3–87所示。

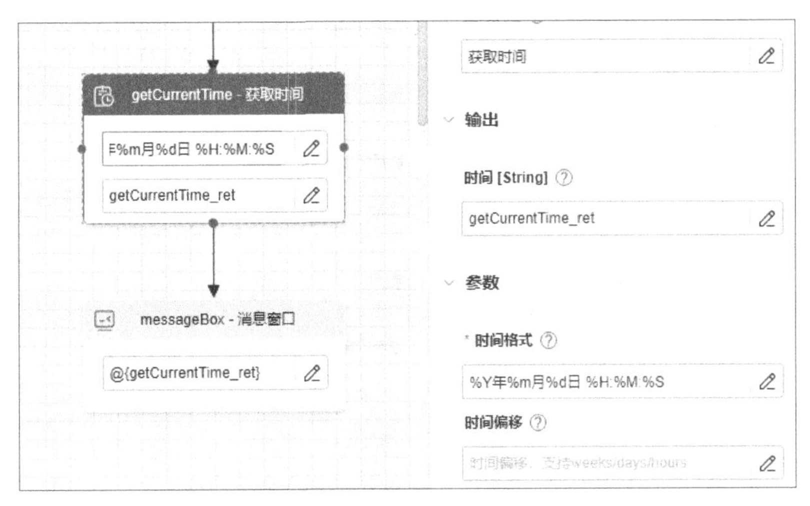

图 3–87　“获取时间”控件设置

（3）在“获取时间”控件下方添加“消息窗口”控件，在属性设置栏中设置“消息框内容”栏的值为“@{getCurrentTime_ret}”，按照格式显示现在的日期和时间，如图3–87所示。

（4）单击软件工具栏中的“运行”按钮或按快捷键“Ctrl+F10”，运行脚本并观察运行结果。

【案例3.34】获取日期对象年月日等信息，设置和运行结果如图3–88所示。

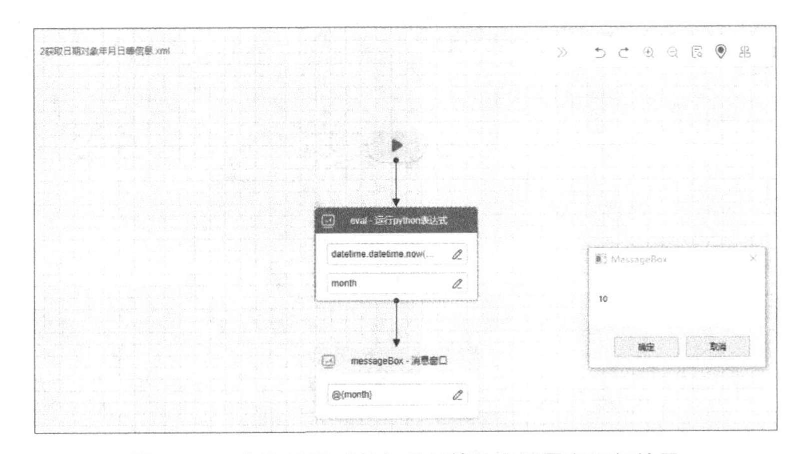

图 3–88　获取日期对象年月日等信息设置和运行结果

操作步骤如下。

（1）创建脚本，命名为“获取日期对象年月日等信息”，“开发者”和“描述”中的内容选填。

（2）在开始图标下添加“运行python表达式”控件并选中，在属性设置栏中设置“参数”栏的“表达式”的值为“datetime.datetime.now().month”，注意日期操作需要设置“导包语句”为“import datetime”，我们将“执行结果”设置为“month”，”如图3–89所示。

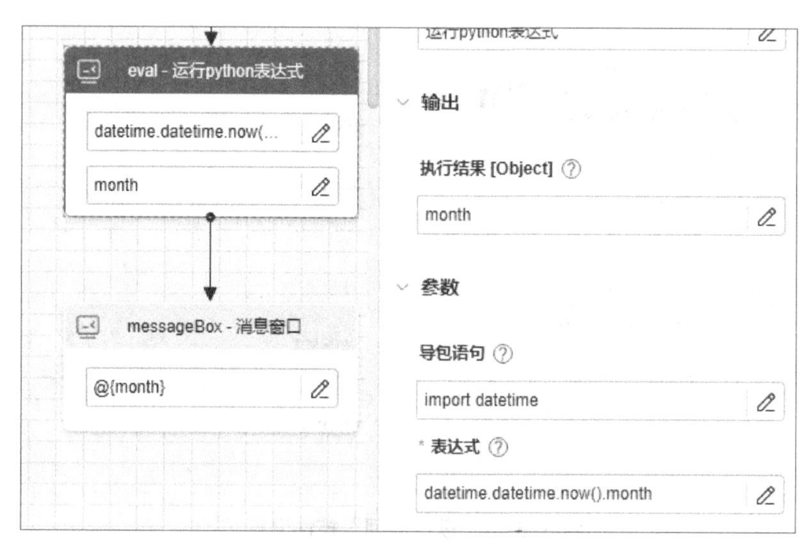

图 3–89 “运行 python 表达式”控件设置

（3）在“运行python表达式”控件下方添加“消息窗口”控件，在属性设置栏中设置“消息框内容”栏的值为“@{month }”。

（4）单击软件工具栏中的“运行”按钮或按快捷键“Ctrl+F10”，运行脚本观察运行结果。图3–38中的消息窗口中的“10”表示现在是10月。

【案例3.35】将格式化字符串转换为日期对象，设置和运行结果如图3–90所示。

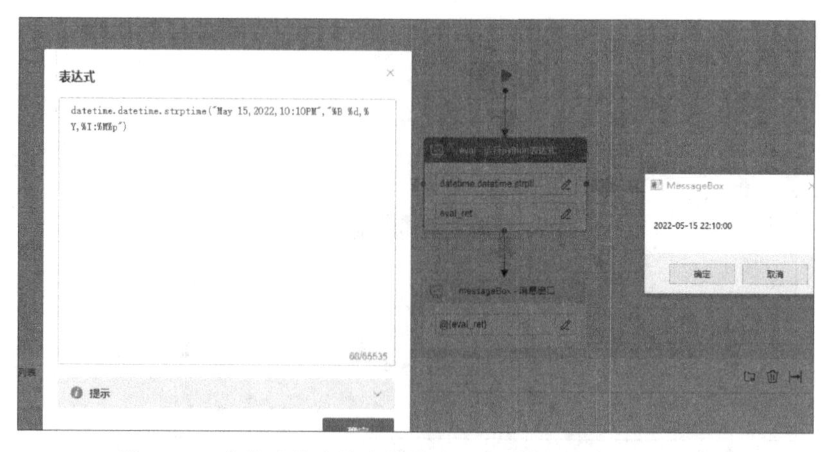

图 3–90 将格式化字符串转换为日期对象设置和运行结果

操作步骤如下。

（1）创建脚本，命名为“将格式化字符串转换为日期对象”，“开发者”和“描述”中的内容选填。

（2）在开始图标下添加“运行python表达式”控件并选中，在属性设置栏中设置“参数”栏的“表达式”的值为“datetime.datetime.strptime（“May 15,2022,10：10PM”，“%B %d，%Y，%I：%M%p”）”，注意日期操作需要设置“导包语句”为“import datetime”。

（3）在“运行python表达式”控件下方添加“消息窗口”控件，在属性设置栏中设置“消息框内容”栏的值为“@{eval_ret}”。

（4）单击软件工具栏中的“运行”按钮或按快捷键“Ctrl+F10”，运行脚本观察运行结果。消息窗口中的时间日期是我们在表达式窗口中的字符串的格式化显示。

【案例3.36】时间与时间戳互相转换，设置和运行结果如图3-91所示。

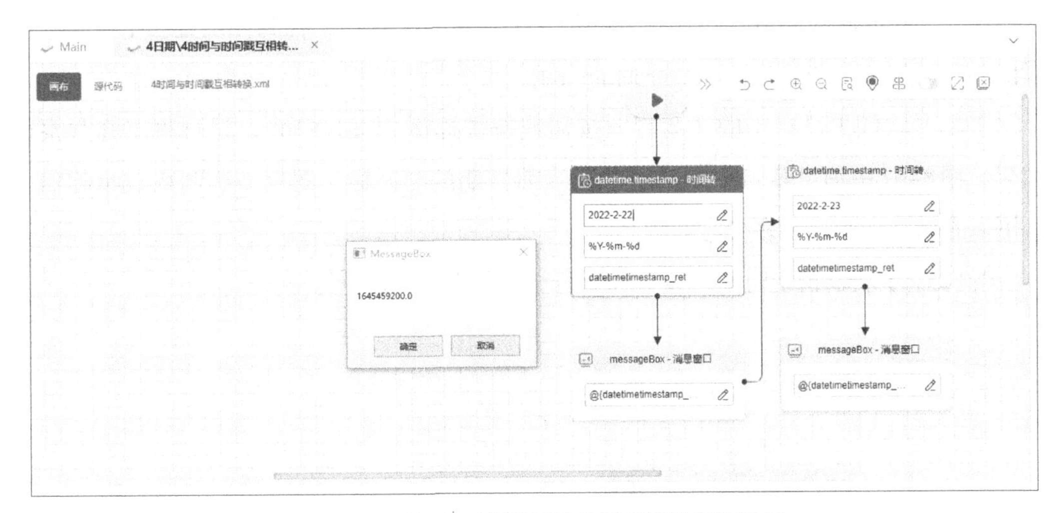

图 3-91　时间与时间戳互相转换设置和运行结果

操作步骤如下。

（1）创建脚本，命名为“时间与时间戳互相转换”，“开发者”和“描述”中的内容选填。

（2）在开始图标下添加“时间转时间戳”控件并选中，在属性设置栏中设置“参数”栏的“时间”的值为“2022-2-22”，设置“时间格式”为“%Y-%m-%d”，我们期望将“2022-2-22”这个日期转换成时间戳。时间戳是从1970年1月1日开始的一个数字，从1开始，每秒加1，便于计算机运算和处理日期数据。“时间转时间戳”控件设置如图3-92所示。

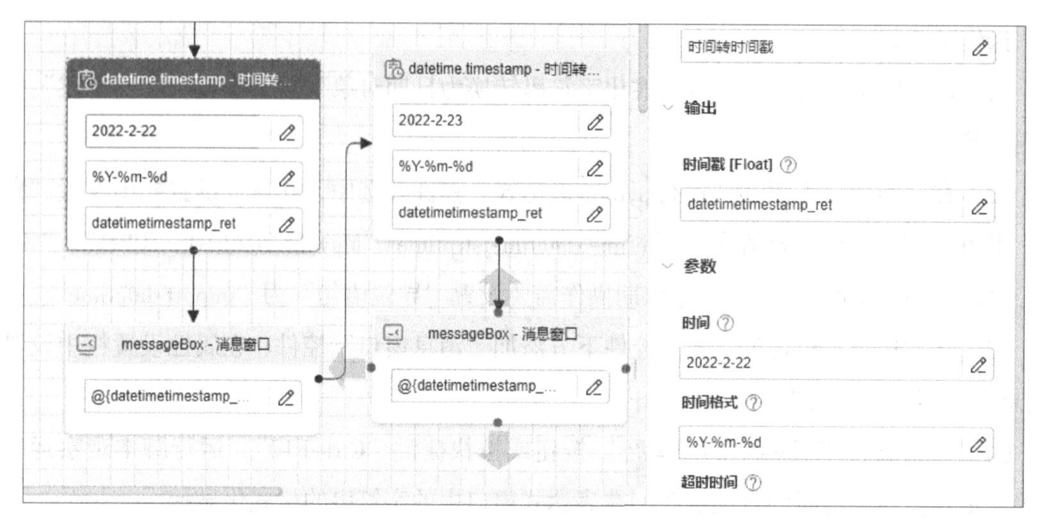

图 3-92 “时间转时间戳”控件设置

（3）在“时间转时间戳”控件下方添加“消息窗口”控件，在属性设置栏中设置“消息框内容”栏的值为“@{datetimetimestamp_ret}”。

（4）单击软件工具栏中的“运行”按钮或按快捷键“Ctrl+F10”，运行脚本并观察运行结果。图3-91中消息窗口中的数字就是当前日期的时间戳，案例中有两次显示相隔一天，可以看看一天经过了多少时间戳。

【案例3.37】获取指定时间，设置和运行结果如图3-93所示。

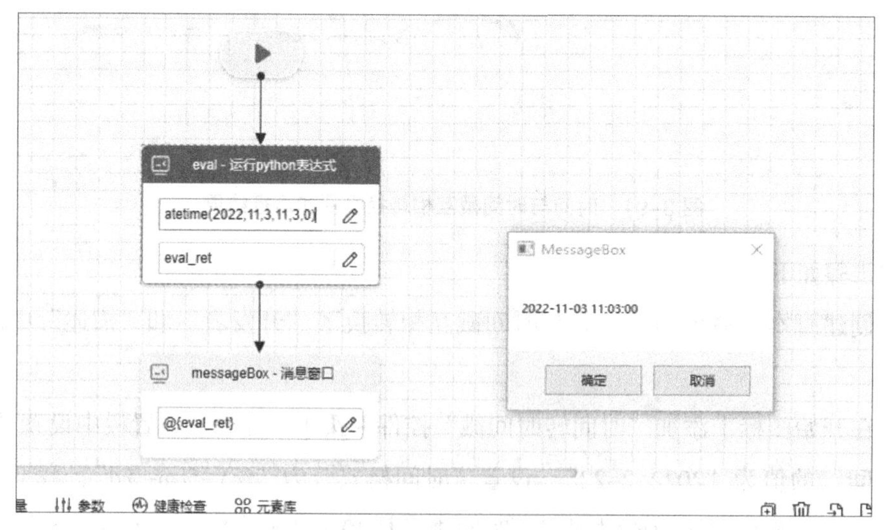

图 3-93 获取指定时间设置和运行结果

操作步骤如下。

（1）创建脚本，命名为“获取指定时间”，“开发者”和“描述”中的内容选填。

（2）在开始图标下添加“运行python表达式”控件并选中，在属性设置栏中设置“参数”栏的“表达式”的值为“datetime.datetime（2022,11,3,11,3,0）”，“导包语句”的值为

“import datetime”，如图3–93所示。

（3）在“运行python表达式”控件下方添加“消息窗口”控件，在属性设置栏中设置“消息框内容”栏的值为“@{eval_ret}”。

（4）单击软件工具栏中的“运行”按钮或按快捷键“Ctrl+F10”，运行脚本并观察运行结果。

【案例3.38】将日期对象转换为字符串，设置和运行结果如图3–94所示。

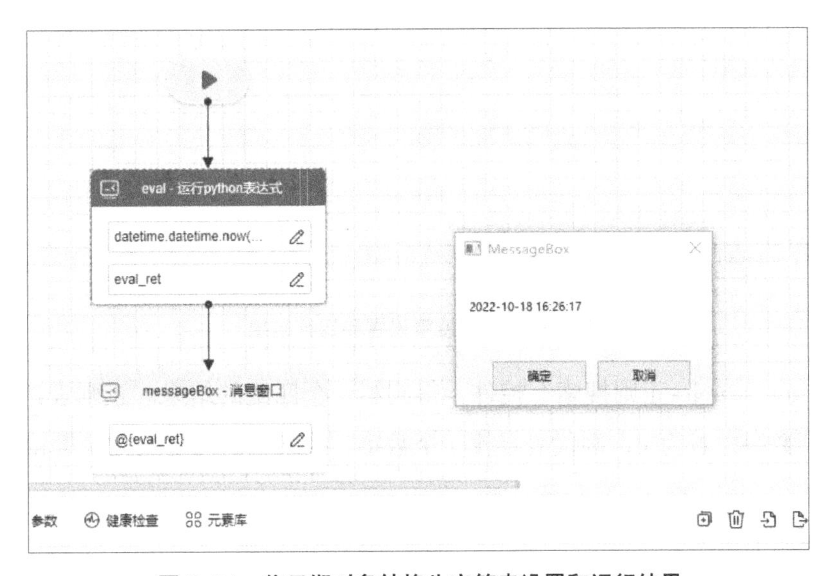

图3–94 将日期对象转换为字符串设置和运行结果

操作步骤如下。

（1）创建脚本，命名为“将日期对象转换为字符串”，“开发者”和“描述”中的内容选填。

（2）在开始图标下添加“运行python表达式”控件并选中，在属性设置栏中设置“参数”栏的“表达式”的值为“datetime.datetime.now().strftime（“%Y–%m–%d %X”）”，“导包语句”的值为“import datetime”，如图3–94所示。

（3）在“运行python表达式”控件下方添加“消息窗口”控件，在属性设置栏中设置“消息框内容”栏的值为“@{eval_ret}”。

（4）单击软件工具栏中的“运行”按钮或按快捷键“Ctrl+F10”，运行脚本并观察运行结果。

3.3.5 正则表达式操作

正则表达式是在数据处理中，根据表达式的规则来搜索和匹配内容，如从一段文字中发现邮箱地址或者金额、提取数字等。

【案例3.39】正则搜索，设置和运行结果如图3-95所示。

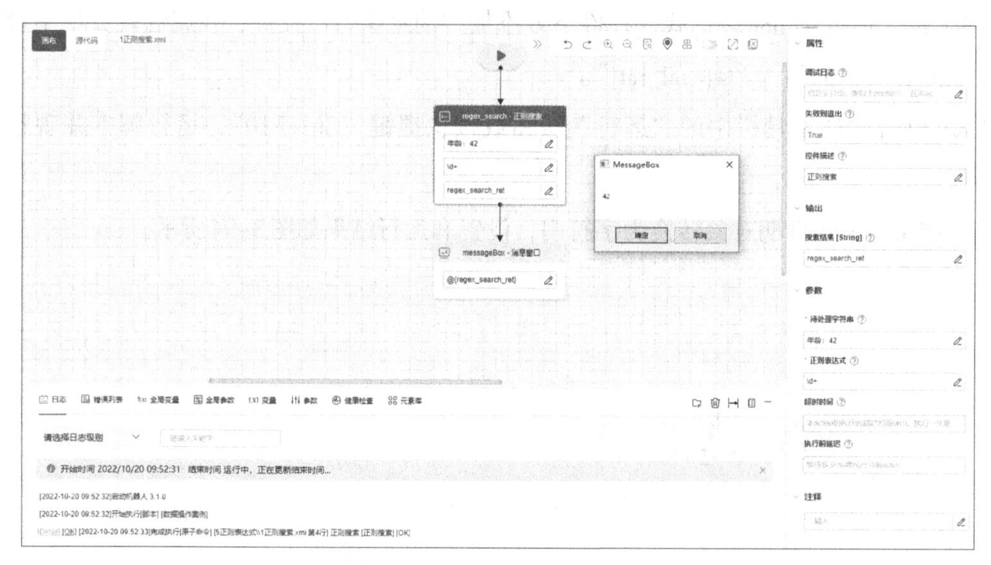

图 3-95 正则搜索设置和运行结果

调用“regex_search-正则搜索”控件，得到第一个匹配的结果。正则表达式中的\d+代表寻找连续数字，若为\d，则代表寻找一个数字。搜索到的结果放在变量regex_search_ret中。

操作步骤如下。

（1）创建脚本，命名为“正则搜索”，“开发者”和“描述”中的内容选填。

（2）在开始图标下添加“正则搜索”控件并选中，在属性设置栏中设置“参数”栏的“待处理字符串”的值为“年龄：42”，“正则表达式”的值为“\d+”，如图3-96所示。

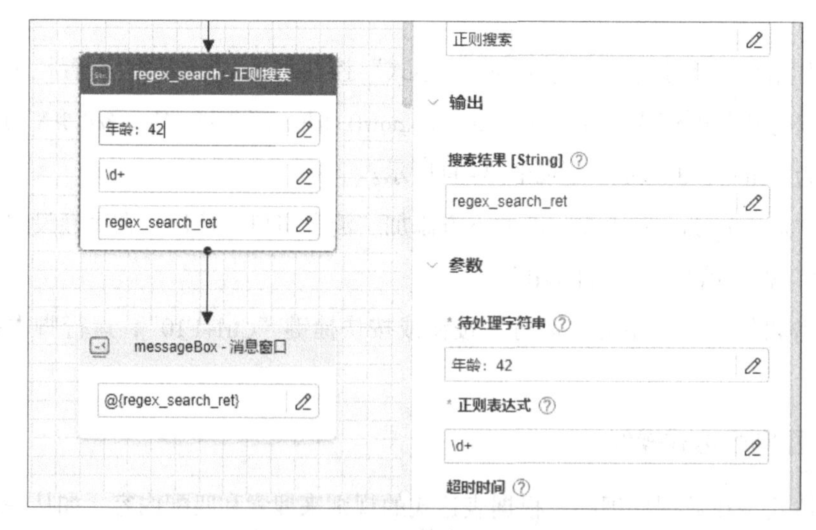

图 3-96 “正则搜索”控件设置

（3）在“正则搜索”控件下方添加“消息窗口”控件，在属性设置栏中设置“消息框内容”栏的值为“@{regex_search_ret}”。

（4）单击软件工具栏中的“运行”按钮或按快捷键“Ctrl+F10”，运行脚本并观察运行结果。

【案例3.40】正则查找所有，设置和运行结果如图3–97所示。

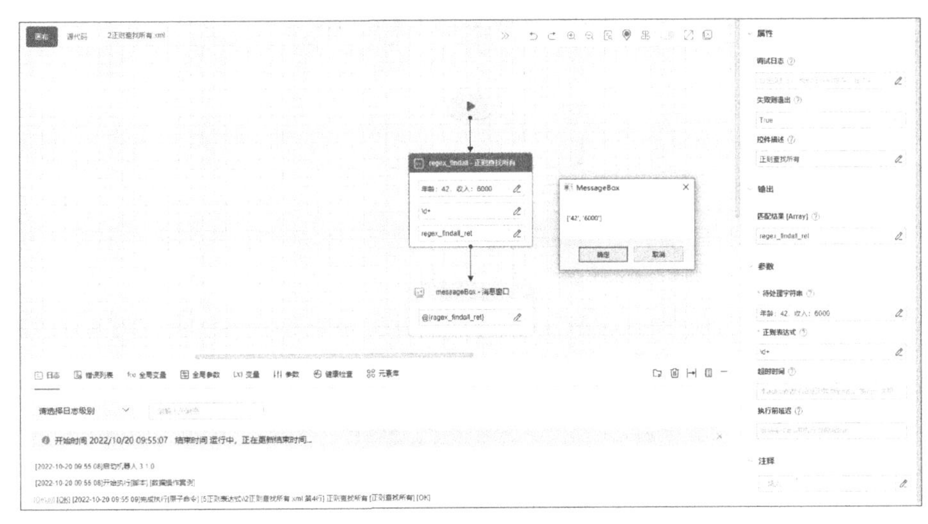

图3–97　正则查找所有设置和运行结果

调用“regex_findall-正则查找所有”控件，得到所有匹配的结果。正则表达式中的\d+代表寻找连续数字。搜索到的结果放在变量regex_ findall _ret中。

操作步骤如下。

（1）创建脚本，命名为“正则查找所有”，“开发者”和“描述”中的内容选填。

（2）在开始图标下添加“正则查找所有”控件并选中，在属性设置栏中设置“参数”栏的“待处理字符串”的值为“年龄：42，收入：6000”，“正则表达式”的值为“\d+”，如图3–98所示。

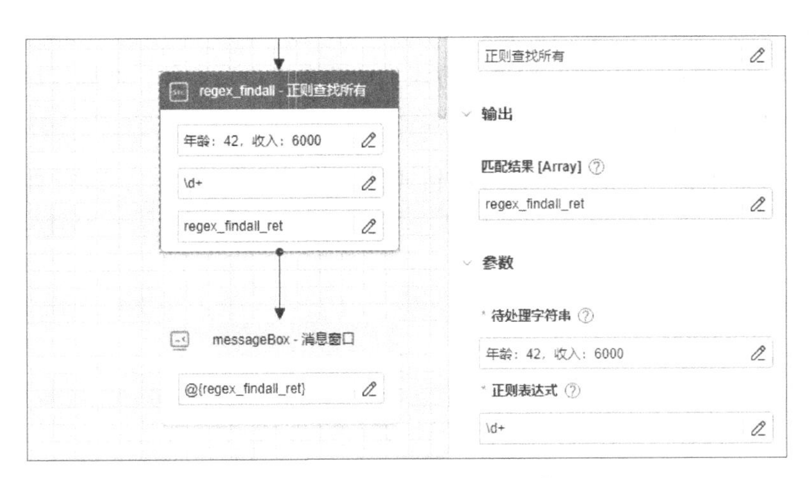

图3–98　“正则查找所有”控件设置

（3）在“正则查找所有”控件下方添加“消息窗口”控件，在属性设置栏中设置“消息框内容”栏的值为“@{regex_findall_ret}”。

（4）单击软件工具栏中的“运行”按钮或按快捷键“Ctrl+F10”，运行脚本并观察运行结果。提取字符串中的所有数字，间隔的数字放在数组的各个元素中。

【案例3.41】正则匹配，设置和运行结果如图3–99所示。

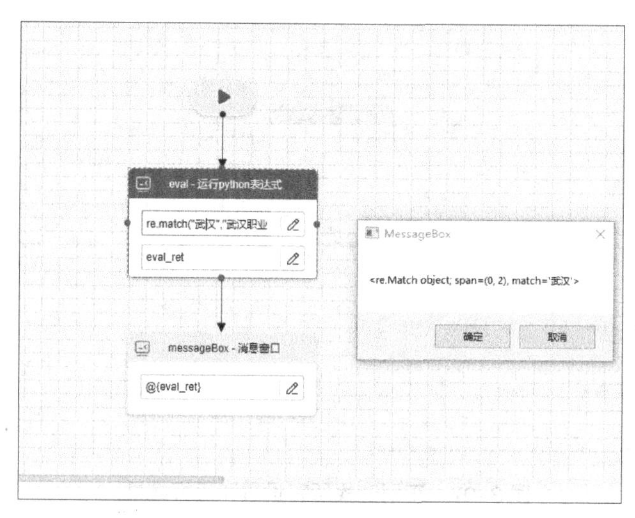

图 3–99 正则匹配设置和运行结果

引入“运行python表达式/eval”控件，使用python中的re正则表达式函数库来获得匹配结果，注意在“导包语句”中填写“import re”。

操作步骤如下。

（1）创建脚本，命名为“正则匹配”，“开发者”和“描述”中的内容选填。

（2）在开始图标下添加“运行python表达式”控件并选中，在属性设置栏中设置“参数”栏的“导包语句”的值为“import re”，“表达式”的值为“re.match(“武汉”，“武汉职业技术学院”)”，如图3–99所示。

（3）在“运行python表达式”控件下方添加“消息窗口”控件，在属性设置栏中设置“消息框内容”栏的值为“@{eval_ret}”。

（4）单击软件工具栏中的“运行”按钮或按快捷键“Ctrl+F10”，运行脚本并观察运行结果。

第 4 章　流程控制

在 WeAutomate 中，程序的执行顺序分为两类。第一类为顺序执行，即程序会按照语句编写的顺序从上到下逐句执行；第二类则是在自动化流程中加入改变执行顺序的内容，如分支语句、循环语句。在第二类情况下，程序的执行顺序会受逻辑判断结果的影响而改变。本章我们来看分支语句和循环语句。分支语句一般用于进行条件判断，在满足条件时执行一个分支，不满足条件时执行另一个分支；而循环语句则用于重复执行某一部分流程。

4.1　分支选择结构

分支选择结构是一种控制程序流程的结构，用于在满足特定条件时执行不同的功能。通过使用分支选择结构，可以将程序流程分为多个独立的部分，使程序模块化，以便于维护。在实际应用中，分支选择结构常常与循环重复结构一起使用，以实现更复杂的流程控制。

下面将通过两个案例来介绍单条件分支和多条件分支的用法。

【案例4.1】输入成绩分数，让 WeAutomate 判断是否及格，设置和运行结果如图 4-1 所示。

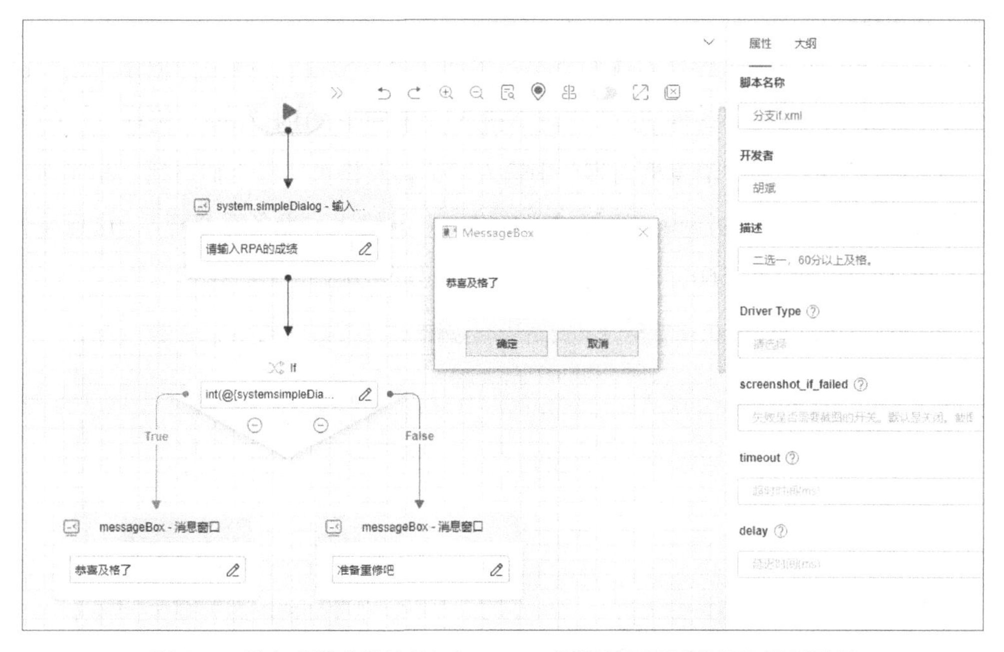

图 4-1　输入成绩分数让 WeAutomate 判断是否通过设置和运行结果

操作步骤如下。

（1）创建脚本，命名为“分支if”，“开发者”和“描述”中的内容选填，这是一个二选一的结构，60分以上为及格。

（2）单击开始图标下方的箭头，在弹出的搜索控件框中输入“输入对话框”，选择如图4-2所示的控件，在属性设置栏中设置“输入标签内容”栏的值为“请输入RPA的成绩”，在对话框中输入的内容，会保存在“对话框内容”的变量“systemsimpleDialog_ret”中。

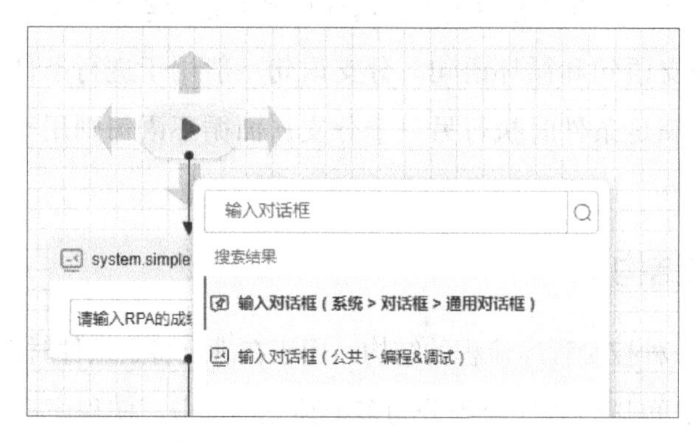

图 4-2　创建脚本并设置属性

（3）单击“输入对话框”下方的按钮继续添加控件，在弹出的搜索控件框中输入“条件”，添加“条件分支”控件，在“条件表达式”属性中输入“int(@{systemsimpleDialog_ret})>= 60”，其含义是将上一步对话框中输入的内容转换成整数，并与60进行比较，看是否大于等于60。

（4）单击“条件分支”控件左侧的箭头，添加“消息窗口”，弹出“创建连线”选择框，如图4-3所示。选择“条件成立”，就会进入大于等于60的“true”流程。在随后出现的“消息窗口”中，在“消息框内容”中输入“恭喜及格了”等类似对话。相应地，单击“条件分支”控件右侧的箭头，添加“消息窗口”并输入“准备重修吧”，这意味着刚才条件不成立，即分数小于60，流程进入右侧的“false”分支。

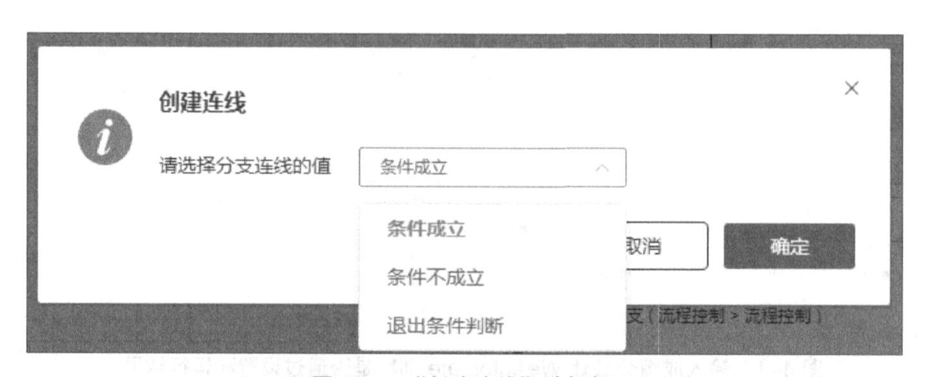

图 4-3　“创建连线”选择框

（5）单击软件工具栏中的“运行”按钮或按快捷键“Ctrl+F10”，运行脚本并观察运行结果。跳出“请输入RPA的成绩”的对话框，如图4–4所示，如果输入80，流程将会进入“条件分支”的“true”分支。

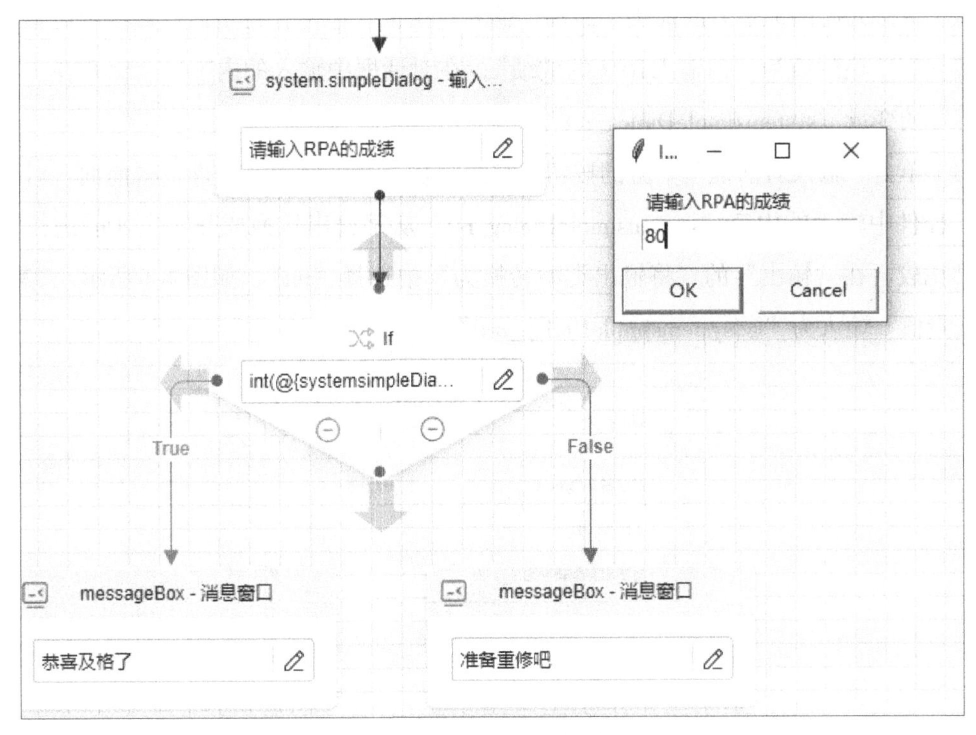

图 4–4　运行脚本并观察运行结果

【案例4.2】同样是输入成绩分数，让WeAutomate判断是否及格，但是考虑分数大于100和小于0的情况，设置和运行结果如图4–5所示。

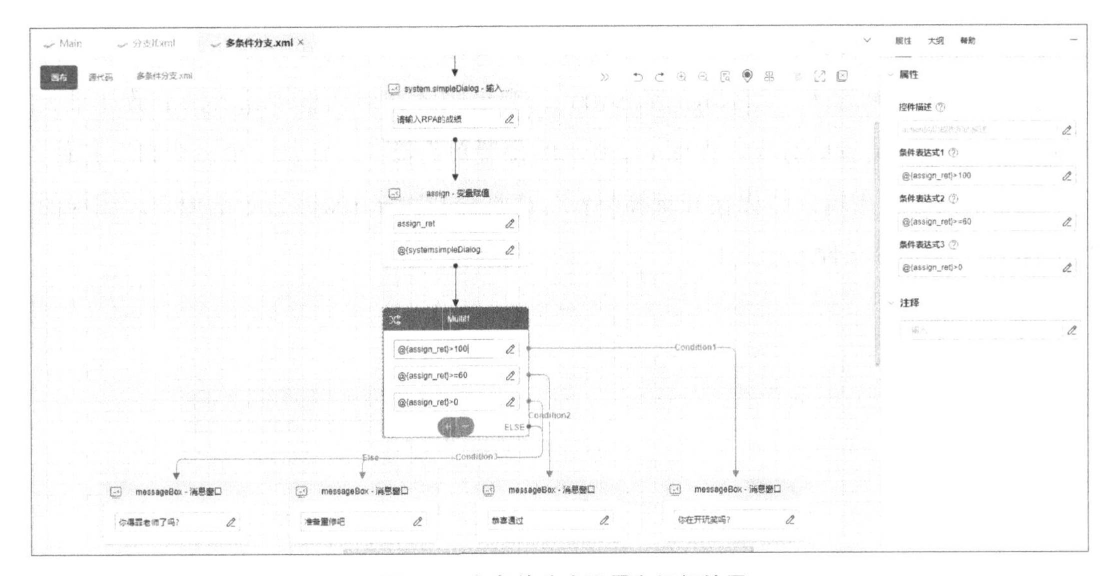

图 4–5　多条件分支设置和运行结果

操作步骤如下。

（1）创建脚本，命名为“多条件分支”，“开发者”和“描述”中的内容选填，这是一个多选一的结构。

（2）单击开始图标下方的箭头，添加“输入对话框”控件，在属性设置栏中设置“输入标签内容”栏的值为“请输入RPA的成绩”，在对话框中输入的内容，会保存在“对话框内容”的变量“systemsimpleDialog_ret”中。

（3）单击“输入对话框”下方的按钮，继续添加“变量赋值”控件，将前面“对话框内容”控件中输入的内容“systemsimpleDialog_ret”从字符串转换成数字，才能进行下一步大小比较。在“输出”的“将输出类型转换为”中选择“int”，如图4–6所示。“参数”的“变量值”输入为“@{systemsimpleDialog_ret}”。

图 4–6 “多条件分支”属性设置

（4）单击“变量赋值”控件下方的箭头，继续添加“多条件分支”控件。在“条件表达式1”属性中输入“@{assign_ret}>100”，表示刚才在对话框中输入的分数如果大于100，将要进入流程的分支。在图4–7所示的位置单击箭头，添加“消息窗口”控件，在“消息框内容”中输入“你在开玩笑吗？”这是分数大于100时显示的内容。图中的“condition1”对应“条件表达式1”。

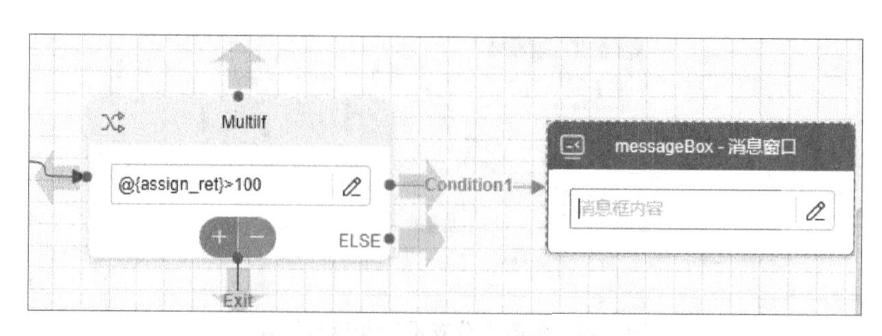

图 4–7

单击“多分支条件”控件下方的“+”，就可以增加判断条件分支，本例中需要增加两个分支，一共4个条件分支。“exit”是条件分支语句运行完后，下一步要连接的控件接口。全部设置完成后的效果如图4-8所示，“条件表达式2”的值为“@{assign_ret}>=60”，“条件表达式3”的值为“@{assign_ret}>0”。

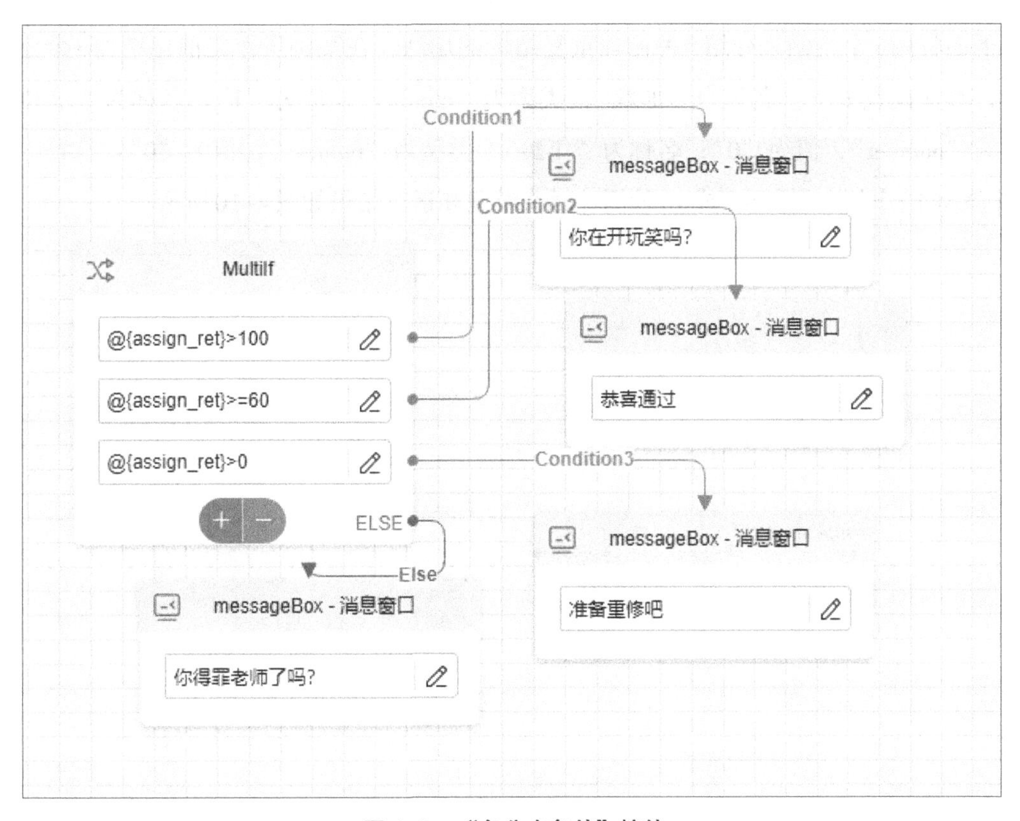

图 4–8　“多分支条件”控件

（5）单击软件工具栏中的“运行”按钮或按快捷键“Ctrl+F10”，运行脚本并观察运行结果。跳出“请输入RPA的成绩”对话框，如果输入0，流程将会进入“多条件分支”的“else”分支，如图4–9所示。

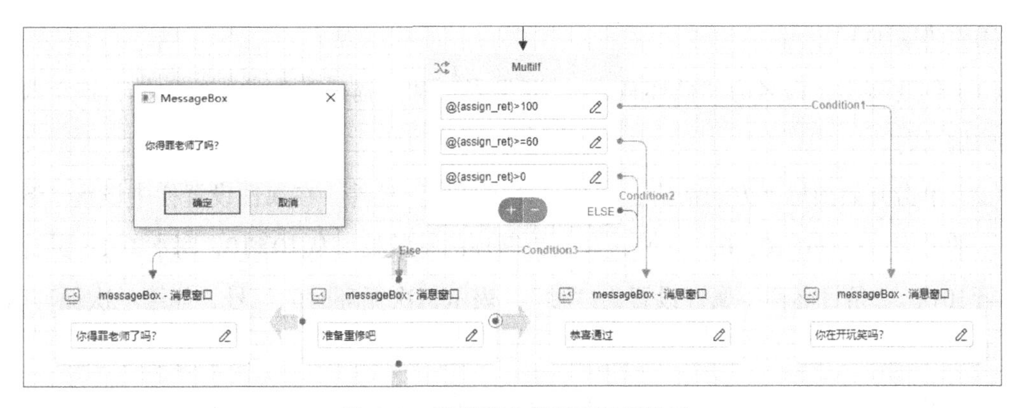

图 4–9　运行脚本并观察运行结果

4.2 循环重复结构

循环重复结构是一种控制程序流程的结构，用于重复执行一段流程，直到满足某个条件或达到一定的次数。循环重复结构包括For循环、While循环和Do While循环。这些循环重复结构通过使用计数器或标志变量来控制执行的次数或条件。

下面将用3个案例来介绍3种循环重复结构的用法。在案例操作之前，增加3个全局变量，具体设置如下：名称为“加数”，类型为“number”，值为“1”；名称为“求和”，类型为“number”，值为“0”；名称为“年龄”，类型为“number”，值为“0”。

【案例4.3】用For循环完成10秒倒计时，设置和运行结果如图4-10所示。

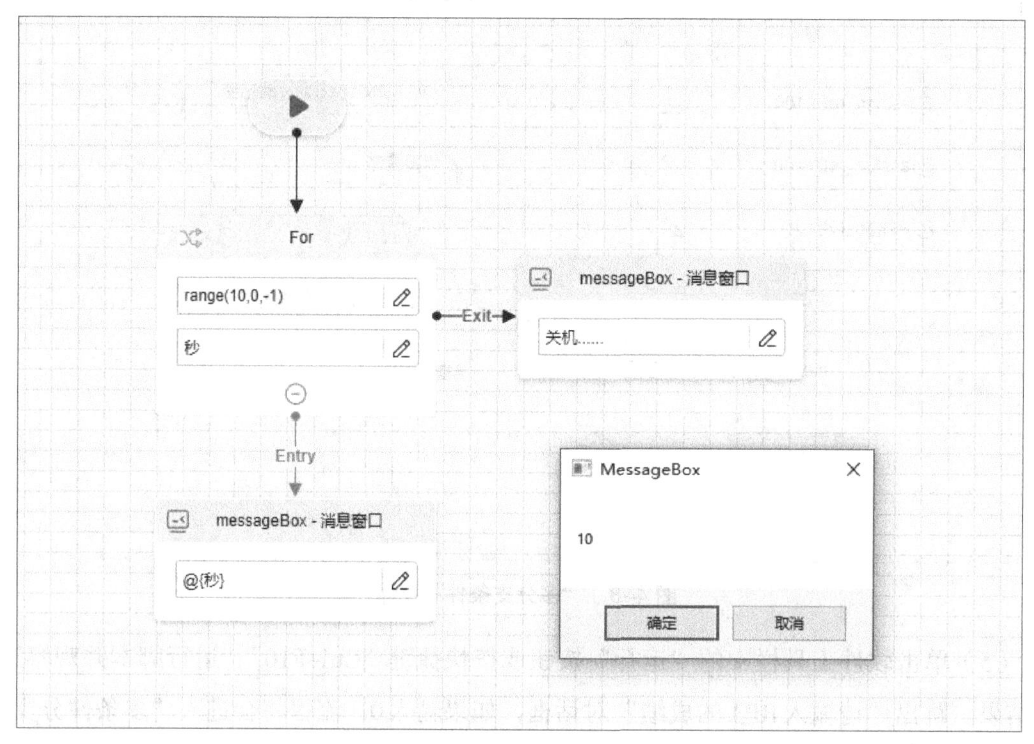

图 4-10 用 For 循环完成 10 秒倒计时设置和运行结果

操作步骤如下。

（1）创建脚本，命名为“循环For”，“开发者”和“描述”中的内容选填，这个脚本是模仿倒计时。

（2）单击开始图标下方的箭头，添加“计次循环”控件，在属性设置栏中设置“数据集合”的值为“range（10，0，-1）”，含义为循环的计数器，从10到0，每次减1，共计循环运行10次。“条目名称”属性设置为“秒”，表示每次循环时的代号，如第一次循环时，“秒=10”。

（3）单击“计次循环”下方的按钮，添加“消息窗口”控件，会出现如图4-11所示的对话框，选择新建的控件从“计次循环”控件那里连线，选择“进入循环体”，这样后续的控件才会多次循环运行。如果选择“退出循环体”则进入循环结束后的流程。在新建的“消息窗口”中设置“消息框内容”为“@{秒}”。

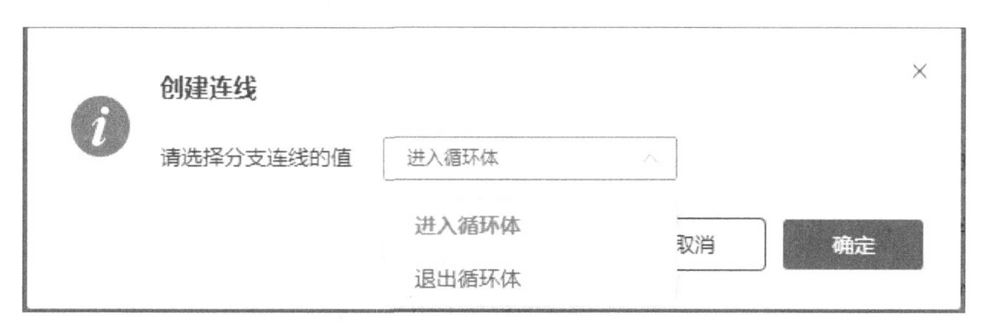

图 4–11　创建连线

（4）单击“计次循环”右侧的箭头，添加“消息窗口”控件，会自动连接到“exit”接口，即循环结束后，运行此“消息窗口”，设置“消息框内容”为“关机……”如图4–12所示。

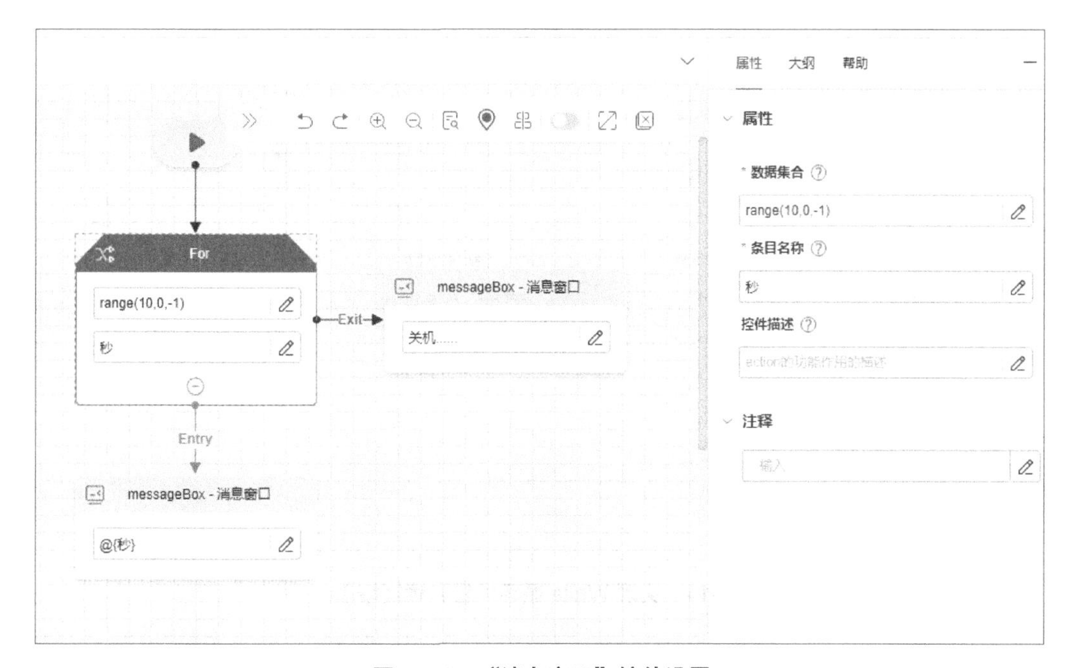

图 4–12　“消息窗口”控件设置

（5）单击软件工具栏中的“运行”按钮或者快捷键“Ctrl+F10”，运行脚本并观察运行结果。每次跳出一个消息窗口，显示当前的计数器数字，从10开始到1结束，显示关机的小玩笑，如图4–13所示。

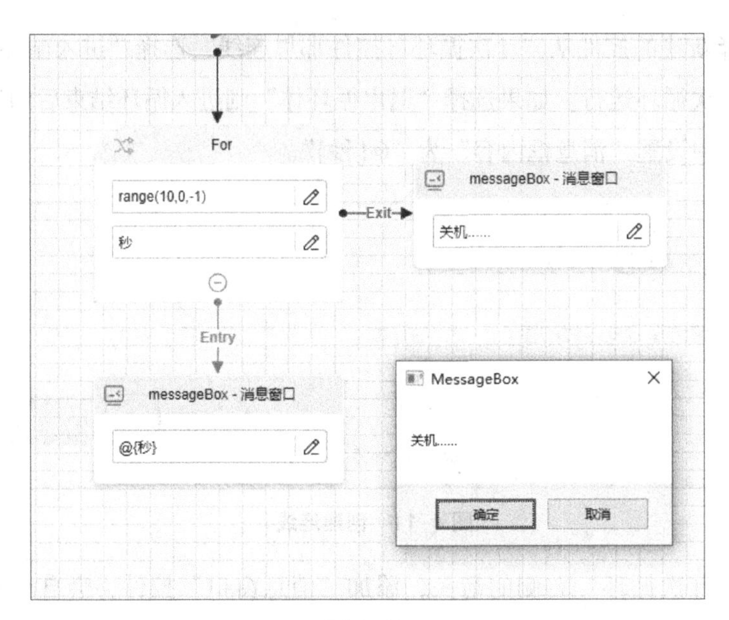

图 4–13

【案例4.4】实现While循环，设置和运行结果如图4–14所示。

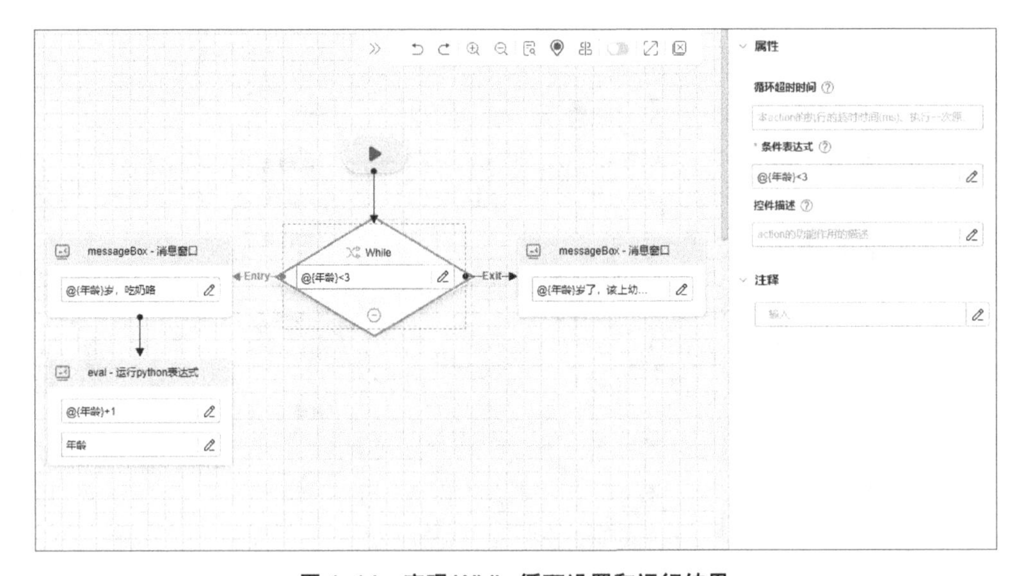

图 4–14 实现 While 循环设置和运行结果

操作步骤如下。

（1）创建脚本，命名为“循环While”，“开发者”和“描述”中的内容选填。

（2）单击开始图标下方的箭头，添加“While条件循环”控件，在属性设置栏中设置“条件表达式”的值为“@{年龄}<3”，表示“年龄”小于3时保持循环运行。

（3）单击“While条件循环”下方的按钮，添加“消息窗口”控件，在弹出的对话框中选择“进入循环体”，在“消息窗口”的消息框中输入“@{年龄}岁，吃奶咯”。

（4）单击“消息窗口”控件下方的箭头，继续添加“运行python表达式”控件，将属性“表达式”设置为“@{年龄}+1”，每次循环都会将变量“年龄”加1，直到3岁以后不再进入循环。

（5）单击“While条件循环”右侧的按钮，添加“消息窗口”控件，自动连接到“exit”接口，在“消息窗口”的消息框中输入“@{年龄}岁了，该上幼儿园”，如图4-15所示。

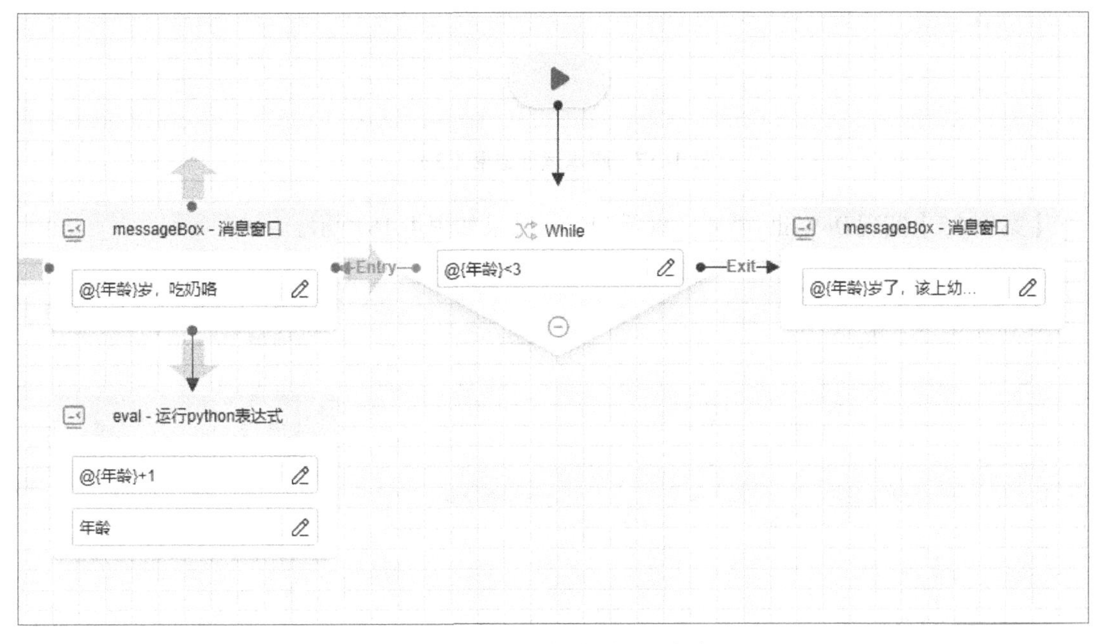

图 4-15　“While 条件循环”控件设置

（6）单击软件工具栏中的“运行”按钮或者快捷键“Ctrl+F10”，运行脚本并观察运行结果。如图4-16和图4-17所示，不同年龄的消息窗口显示不同的内容。

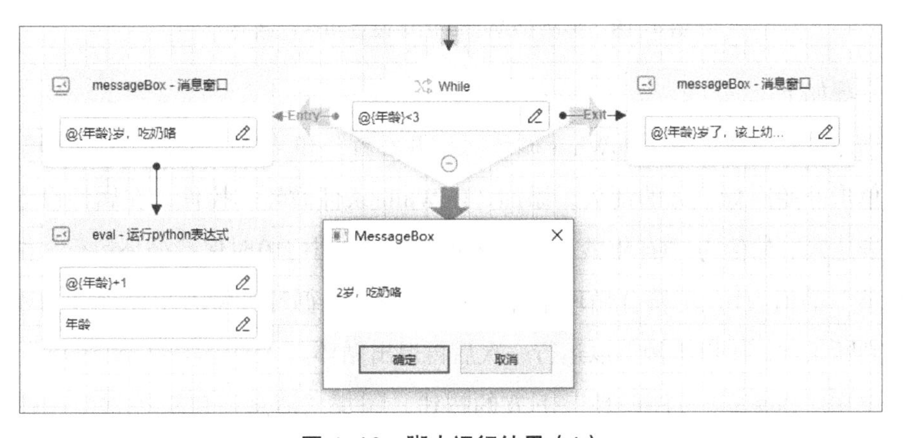

图 4-16　脚本运行结果（1）

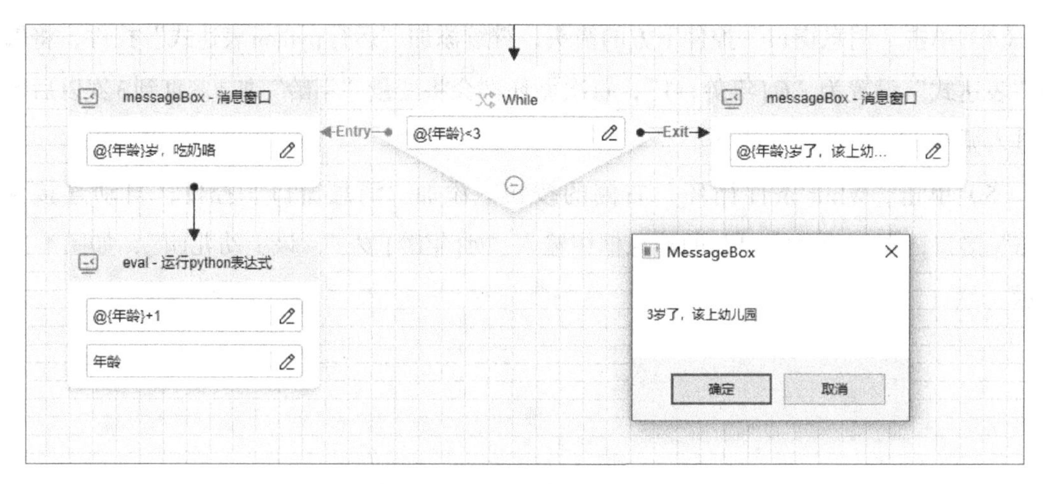

图 4–17　脚本运行结果（2）

【案例4.5】实现DoWhile循环，设置和运行结果如图4–18所示。

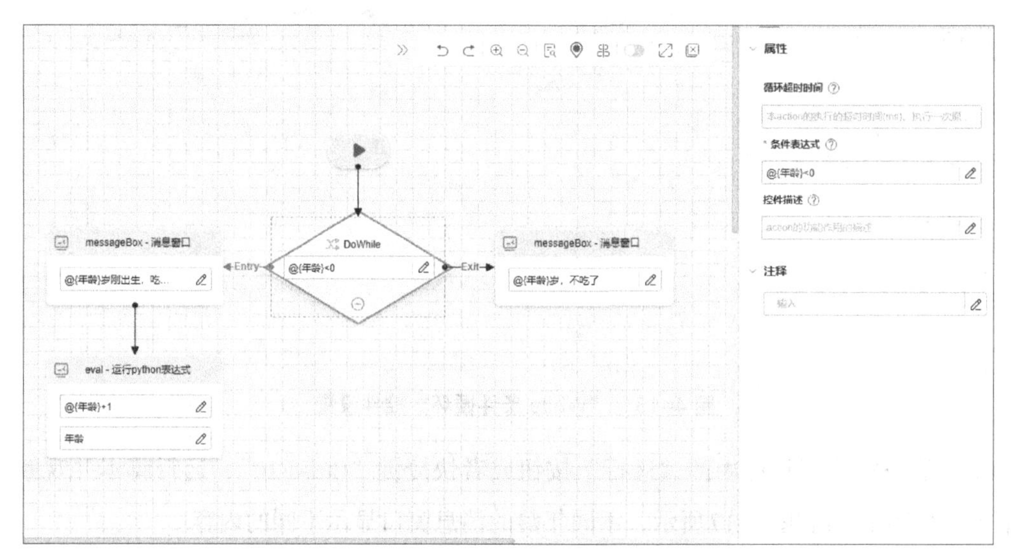

图 4–18　实现 DoWhile 循环设置和运行结果

操作步骤如下。

（1）创建脚本，命名为“DoWhile循环”，“开发者”和“描述”中的内容选填。

（2）单击开始图标下方的箭头，添加“DoWhile条件循环”控件，在属性设置栏中设置“条件表达式”的值为“@{年龄}<0”，表示“年龄”小于0时保持循环运行，由于全局变量“年龄”的值为0，不符合循环条件，但是DoWhile循环的特点是先进入循环体运行一次，再判断条件，所以本例可以运行一次后再退出循环。

（3）单击“DoWhile条件循环”下方的按钮，添加“消息窗口”控件，在弹出的对话框中选择“进入循环体”，在“消息窗口”的消息框中输入“@{年龄}岁刚出生，吃奶咯”。

（4）单击“消息窗口”控件下方的箭头，继续添加“运行python表达式”控件，将属性“表达式”设置为“@{年龄}+1”，每次循环都会将变量“年龄”加1，直到3岁后不再进入循环，将“执行结果”设置为“年龄”本身，实现“年龄”变量的自加1。

（5）单击“DoWhile条件循环”右侧的按钮，添加“消息窗口”控件，自动连接到“exit”接口，在“消息窗口”的消息框中输入“@{年龄}岁，不吃了”，如图4–19所示。

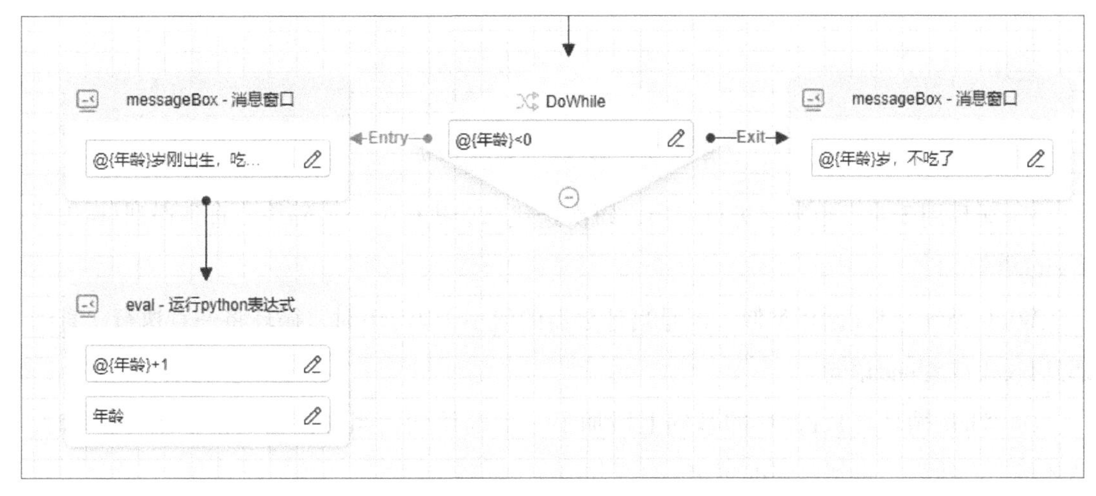

图 4–19　“DoWhile 条件循环”控件设置

（6）单击软件工具栏中的“运行”按钮或按快捷键“Ctrl+F10”，运行脚本并观察运行结果。如图4–20和图4–21所示，不同年龄的消息窗口显示不同的内容。

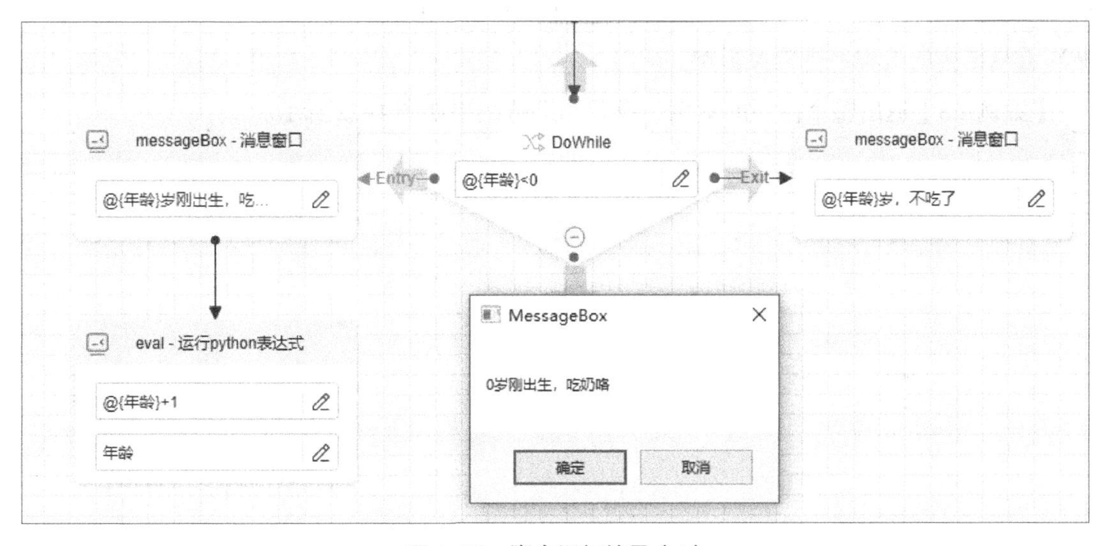

图 4–20　脚本运行结果（1）

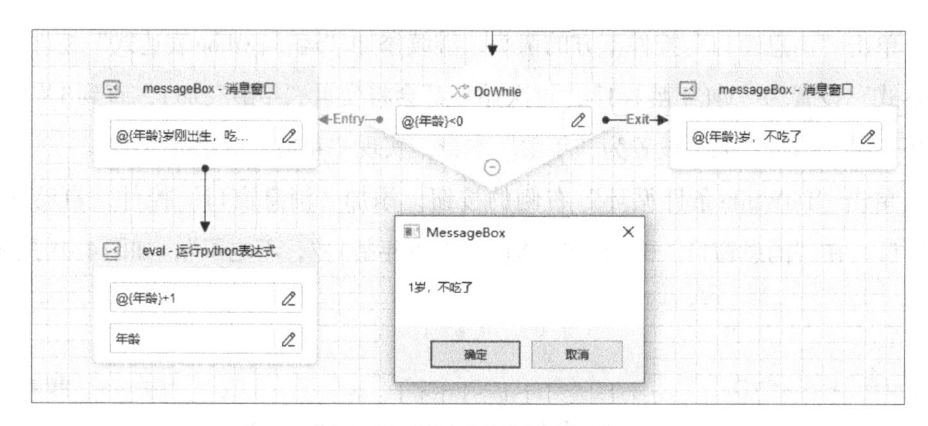

图 4-21 脚本运行结果（2）

For循环用于对一组数字进行遍历，每次迭代都会执行一个代码块，直到遇到break或者end语句。

While循环与For循环类似，但是当计数器的值小于等于0时，循环将一直执行，直到遇到break或者end语句。

Do While循环在For循环的基础上增加了一个do语句，当计数器的值小于等于0时，循环将一直执行，直到遇到do或者end语句。

4.3 分支选择结构和循环重复结构的综合使用

一般来说，在实际应用中除了配合使用各种结构外，还要注意退出循环的方法。下面用两个案例介绍“break-退出循环”和“continue-跳出档次循环”的用法，它们经常能对循环重复结构的流程产生较大影响。

【案例4.6】退出整个循环的案例，设置和运行结果如图4-22所示。

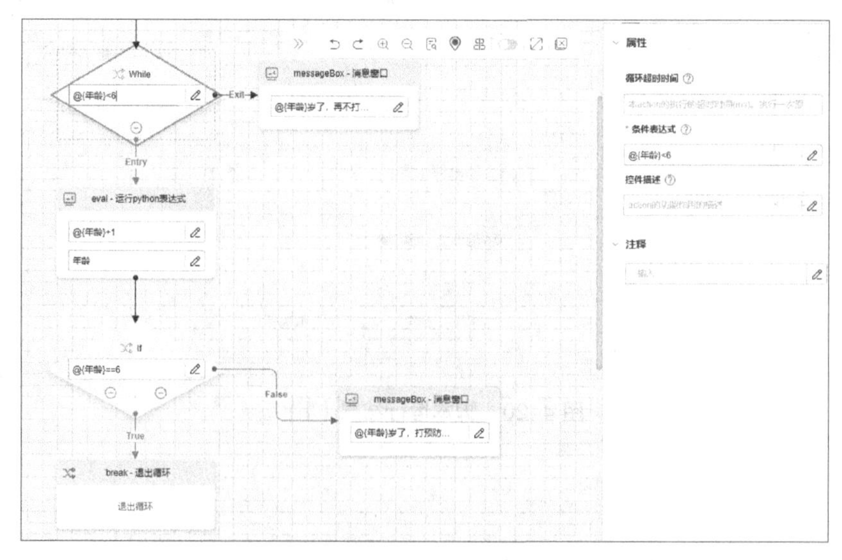

图 4-22 退出整个循环的案例设置和运行结果

操作步骤如下。

（1）创建脚本，命名为“退出整个循环”，“开发者”和“描述”中的内容选填。

（2）单击开始图标下方的箭头，添加“While 条件循环”控件，在属性设置栏中设置“条件表达式”的值为“@{年龄}<6”。

（3）单击“While 条件循环”下方的箭头，添加“运行 python 表达式”控件，在表达式中输入“@{年龄}+1”，执行结果为“年龄”。

（4）单击“运行 python 表达式”控件下方的箭头，继续添加“条件分支”控件，在属性设置栏中设置“条件表达式”的值为“@{年龄}==6”。

（5）单击“条件分支”右侧的按钮，添加“消息窗口”控件，连接到“false”接口，在“消息窗口”的消息框中输入“@{年龄}岁了，打预防针咯”。

（6）单击“条件分支”下方的按钮，添加“退出循环”控件，连接到“true”接口。所有的设置如图 4–23 所示。

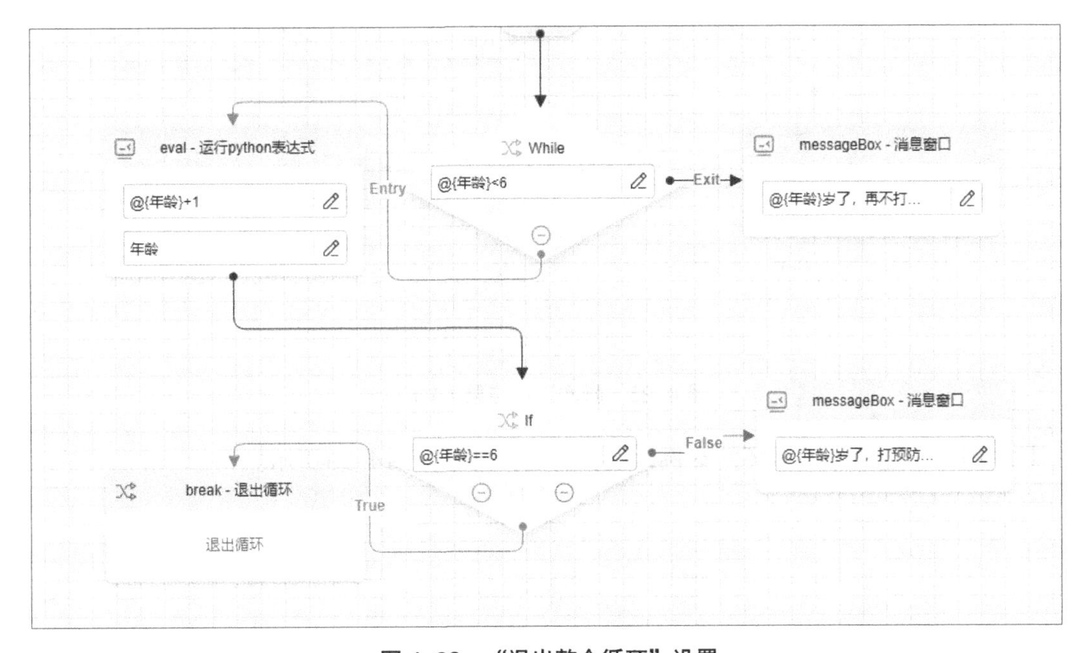

图 4–23　“退出整个循环”设置

（7）单击软件工具栏中的“运行”按钮或按快捷键“Ctrl+F10”，运行脚本并观察运行结果。年龄在 6 岁之前和 6 岁时，会有不同的输出结果，如图 4–24 和图 4–25 所示。点击“退出循环”会退出整个循环运行，不管条件如何。

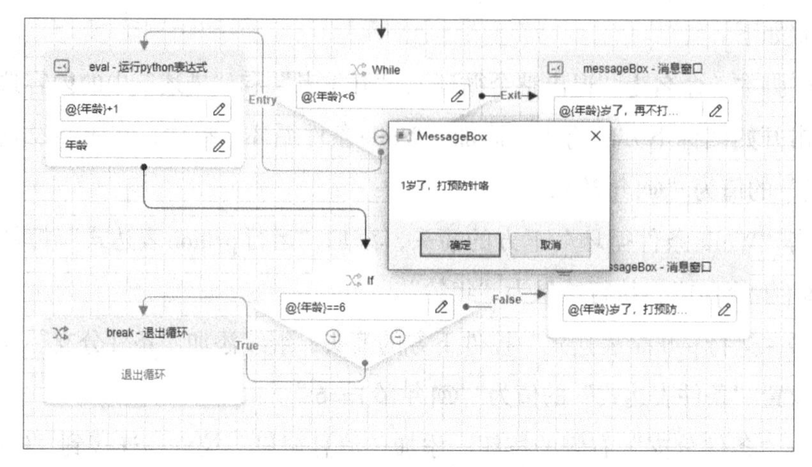

图 4-24　脚本运行结果（1）

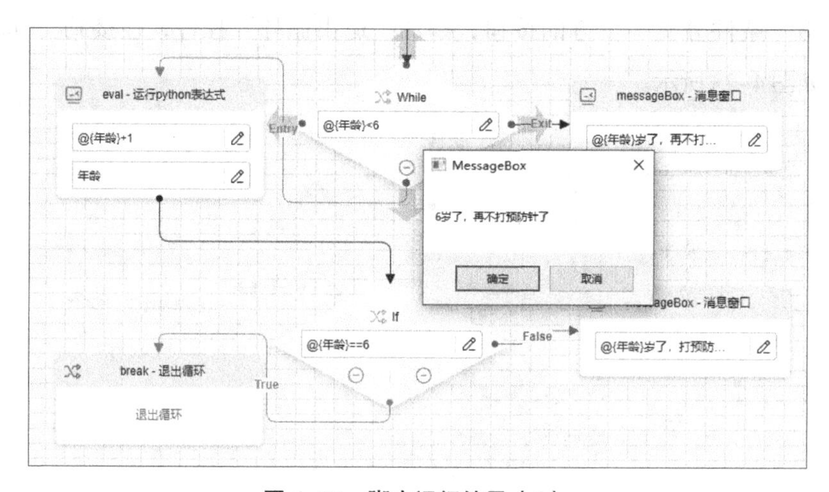

图 4-25　脚本运行结果（1）

【案例4.7】退出本次循环的案例，设置和运行结果如图4-26所示。

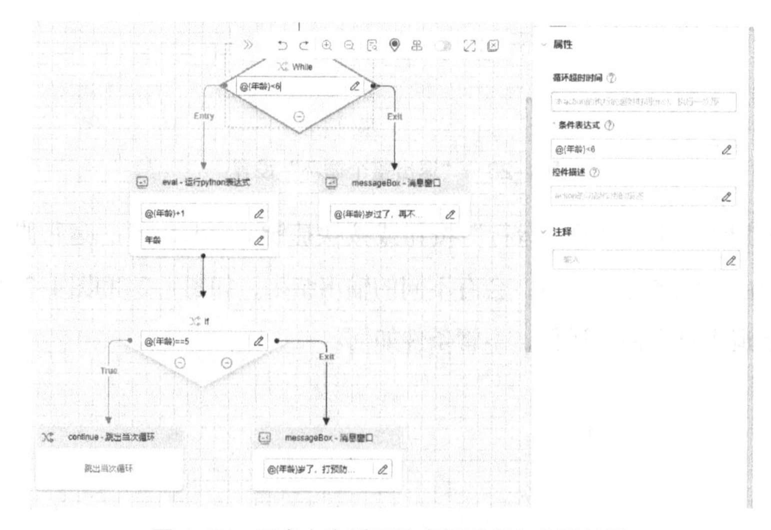

图 4-26　退出本次循环的案例设置和运行结果

操作步骤如下。

（1）创建脚本，命名为“退出本次循环”，“开发者”和“描述”中的内容选填。

（2）单击开始图标下方的箭头，添加“While条件循环”控件，在属性设置栏中设置“条件表达式”的值为“@{年龄}<6”。

（3）单击“While条件循环”下方的箭头，添加“运行python表达式”控件，在表达式中输入“@{年龄}+1”，执行结果为“年龄”。

（4）单击“运行python表达式”控件下方的箭头，继续添加“条件分支”控件，将“条件表达式”设置为“@{年龄}==5 ”。

（5）单击“条件分支”右侧的按钮，添加“消息窗口”控件，连接到“exit”接口，在“消息窗口”的消息框中输入“@{年龄}岁了，打预防针咯”。

（6）单击“条件分支”下方的按钮，添加“跳出当次循环”控件，连接到“true”接口。所有的设置如图4–27所示。

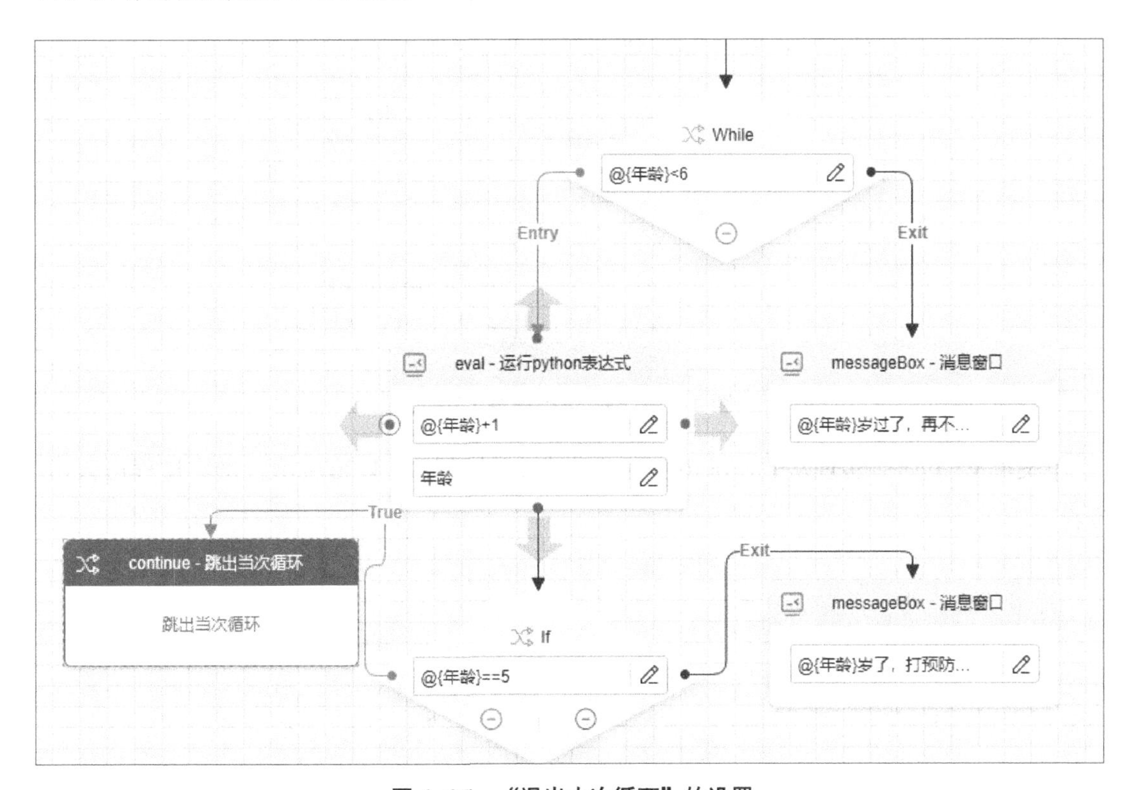

图 4–27　“退出本次循环”的设置

（7）单击软件工具栏中的“运行”按钮或按快捷键“Ctrl+F10”，运行脚本并观察运行结果。点击“跳出当次循环”会退出本次循环运行，然后继续运行下一次循环语句。运行结果如图4–28和图4–29所示，运行结果中没有5岁的情况。

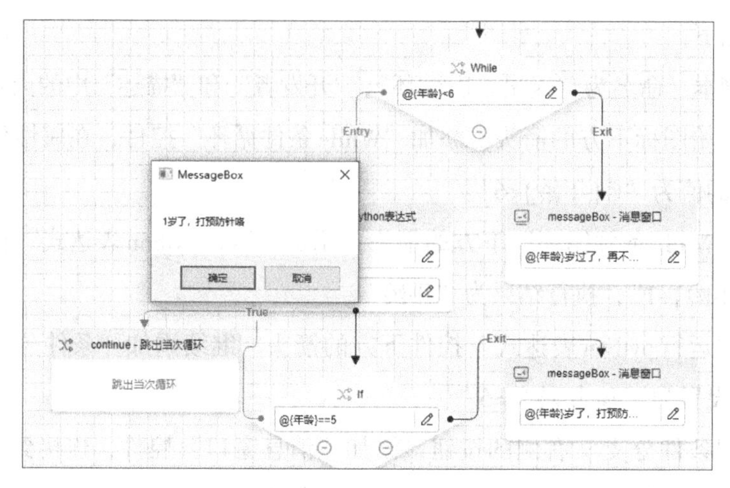

图 4–28　脚本运行结果（1）

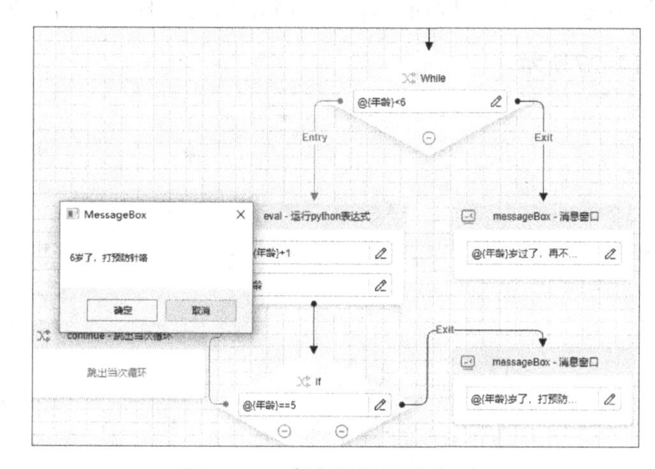

图 4–29　脚本运行结果（2）

【案例4.8】如何实现从1加到10？设置和运行结果如图4–30所示。操作过程可自由发挥。

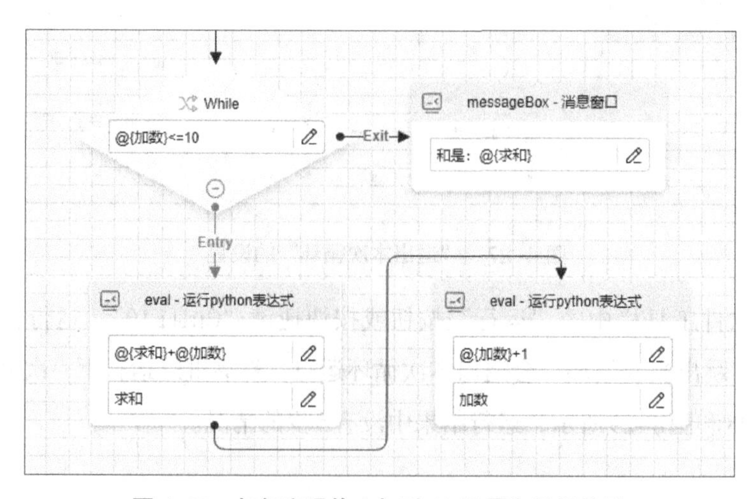

图 4–30　如何实现从 1 加到 10 设置和运行结果

第 5 章　Office 流程自动化

在 Office 办公软件中，RPA 技术可以帮助用户实现自动化办公，提高工作效率。RPA 软件在办公自动化领域有着广泛的应用，例如，它可以用于自动化文档处理，包括文档创建、修改和保存。它还可以用于自动化数据输入和填写，如在表格中输入数据、创建问卷调查表等。此外，RPA 软件还可以用于自动化邮件、合同和演示文稿的编写和演示。这不仅可以减少手动操作的时间消耗，还可以提高数据的准确性和一致性。

这里我们将学习 4 个部分的办公软件自动化，包括 Excel、Word、PowerPoint 以及电子邮件的自动化操作。

5.1　Excel 自动化

本节主要讲述 WeAutomate 设计器中 Excel 的基本操作、Excel 基础控件及其使用方法，并介绍内存表使用方法和 JSON 文件的读写。

5.1.1　Excel 基本操作

下面通过一个综合的案例，来介绍 Excel 操作的相关控件。

【案例 5.1】打开一个 Excel 文件，读取其中的内容，处理后写入 Excel 的单元格中，最后关闭文件，设置和运行结果如图 5-1 所示。

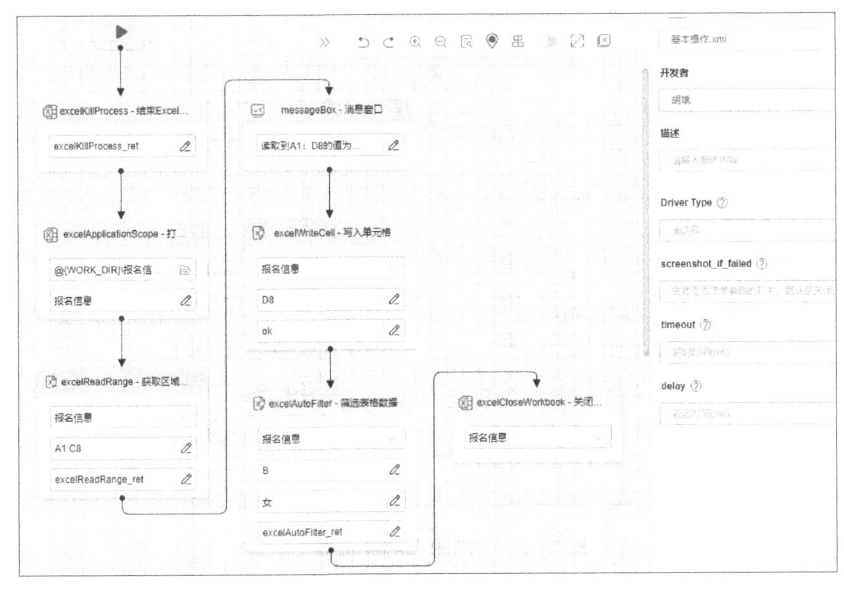

图 5-1　Excel 操作的相关控件

操作步骤如下。

（1）创建脚本，命名为“Excel基本操作”，“开发者”和“描述”中的内容选填。

（2）单击开始图标下方的箭头，添加“结束Excel进程”控件，先结束系统进程中可能存在的卡死Excel进程，如图5-2所示。

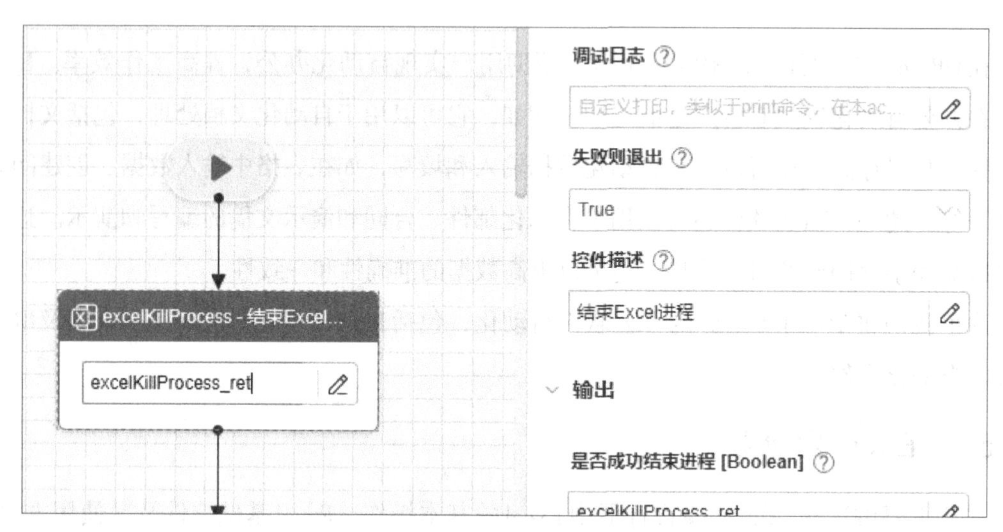

图 5-2　添加“结束 Excel 进程”控件

（3）单击“结束Excel进程”控件图标下方的箭头，添加“打开excel文件”控件，打开需要操作的Excel文件，设置“打开方式”为“Excel”，“Excel文件路径”为“@{WORK_DIR}\报名信息.xlsx”，“excel文件对象别名”为“报名信息”，如图5-4所示。此时，需要在当前项目的目录下新建一个Excel文件“报名信息.xlsx”，内容参考如图5-3所示。

A	B	C
提交时间（自动）	性别（必填）	电话（必填）
2022年11月11日 11:46	女	15997293716
2022年11月11日 11:49	男	19371903250
2022年11月11日 11:51	男	15569500315
2022年11月11日 11:51	男	17771904402
2022年11月11日 11:52	男	17702727387
2022年11月11日 11:55	男	15374519158
2022年11月11日 11:55	女	18288409959
2022年11月11日 11:57	女	15171671761
2022年11月11日 11:57	女	13872251341
2022年11月11日 11:58	男	17874444396

图 5-3　“结束 Excel 进程”

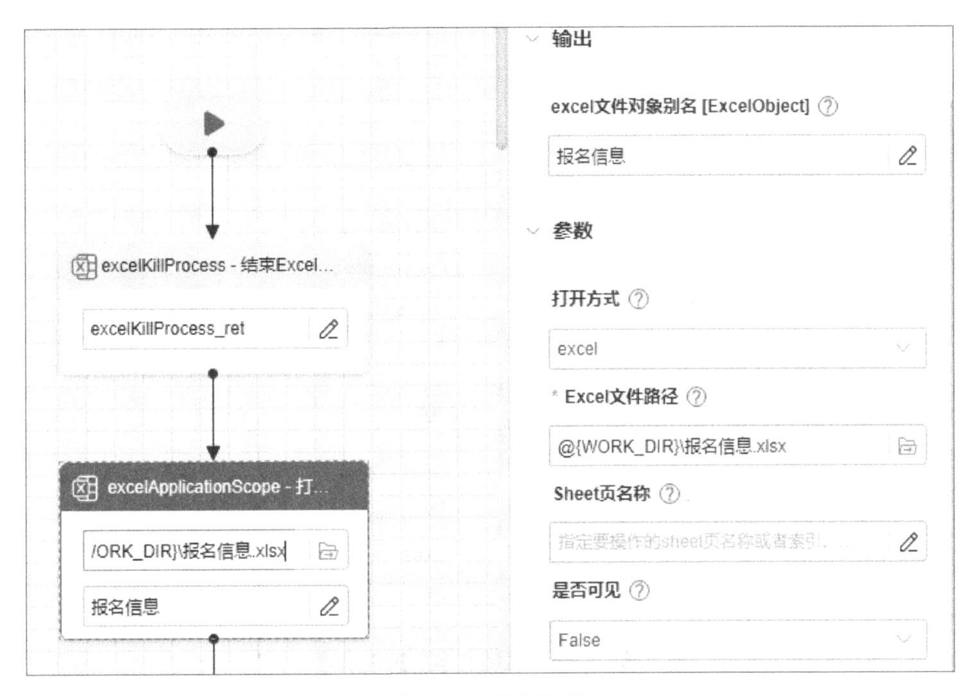

图5-4 其他设置

设置参数说明如下。

软件类型：可选择打开的文件为Excel或WPS。

Excel文件路径：填写需要打开的Excel表格，若不存在则创建一个新的文件，“@{WORK_DIR}”代表当前软件项目的目录。

Sheet页名称：填需要激活的Sheet名称或者索引，不填则默认为当前活动页。

是否可见：是否需要可视化打开Excel，默认为False，即不让操作者看到RPA如何在Excel文件上操作，而是在计算机后台操作。

是否为只读：是否用只读方式打开文件，只读模式下不可保存Excel。

注意不支持已打开的文件，若涉及同时打开多个Excel文件，需指定“excel文件对象别名”，如果只有一个可以不设定别名。

（4）单击“打开Excel文件”控件图标下方的箭头，添加“获取区域文本”控件，读取打开的Excel文件内容，设置“Excel对象”为“报名信息”，“区域”为“A1：D8”，读取A1到D8单元的区域，输出结果为“文本内容”的数组“excelReadRange_ret”，其他设置如图5-5所示。

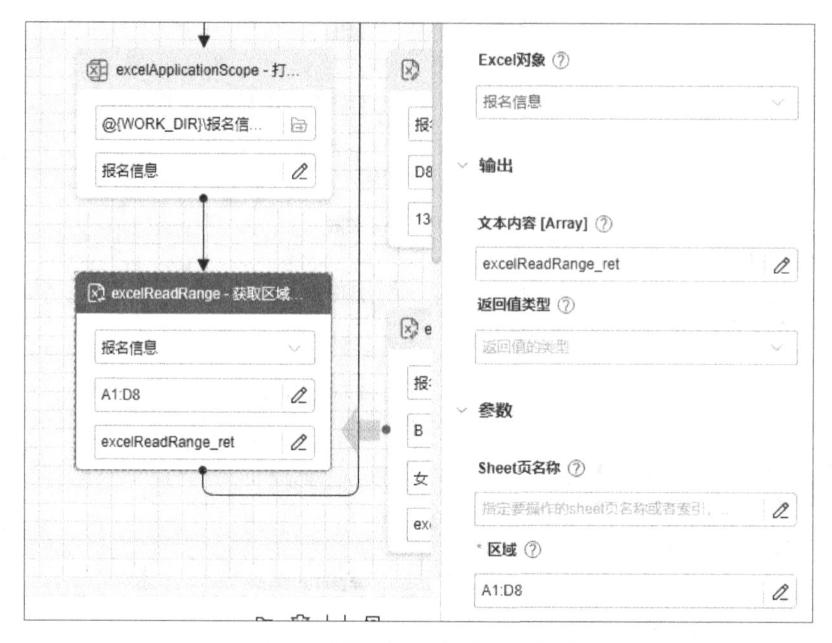

图 5-5 “获取区域文本”控件设置

（5）单击“打开Excel文件”控件图标下方的箭头，添加“消息窗口”控件，设置“消息框内容”为“读取到A1：D8的值为@{excelReadRange_ret}”，显示读取到的内容。

（6）单击“消息框内容”控件图标下方的箭头，添加“写入单元格”控件，设置“Excel对象”为“报名信息”，“目标单元格”为“D8”，“写入内容”为“ok”，如图5-6所示。

图 5-6 “写入单元格”控件设置

（7）单击“写入单元格”控件图标下方的箭头，添加“筛选表格数据”控件，设置“Excel对象”为“报名信息”，设置筛选的“目标列”为“B”列，设置“筛选条件”为“女”，如图5–7所示。

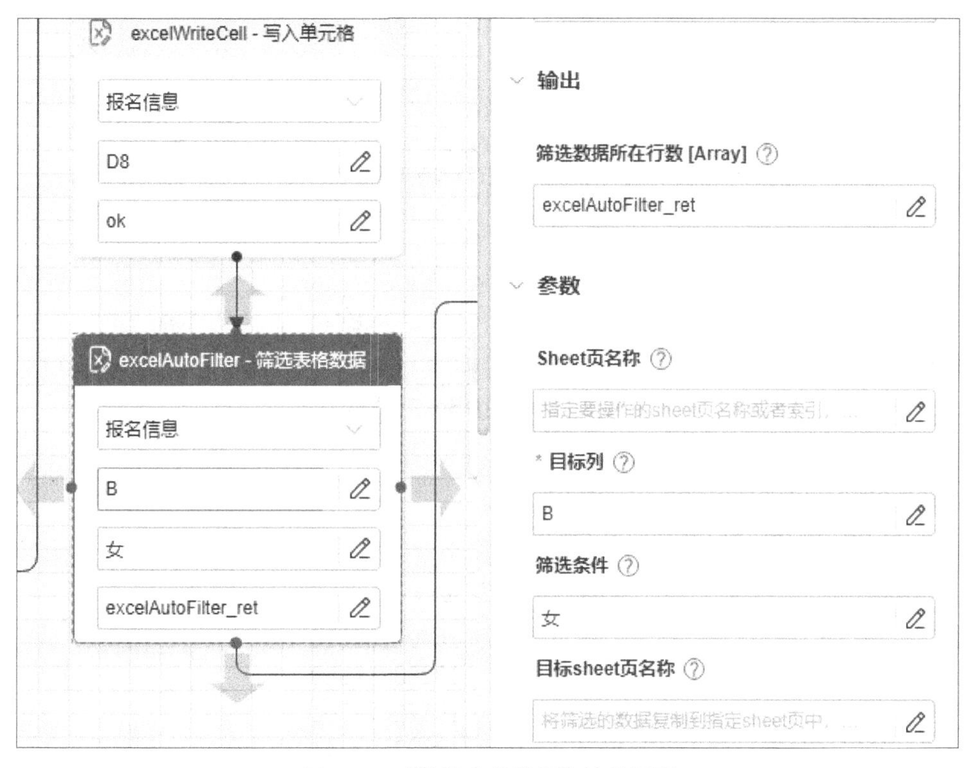

图 5–7　“筛选表格数据”控件设置

（8）单击“筛选表格数据”控件图标下方的箭头，添加“关闭工作簿”控件，设置“Excel对象”为“报名信息”，“保存文件”为“True”，操作完后会保存并关闭文件，如图5–8所示。

图 5–8　“关闭工作簿”控件设置

（9）单击软件工具栏中的“运行”按钮或按快捷键“Ctrl+F10”，运行脚本观察运行结果。跳出如图5-9所示对话框，显示表格中A1到C8的2列8行的数据，然后在D8单元格写入“ok”，打开Excel文件查看结果，如图5-10所示。

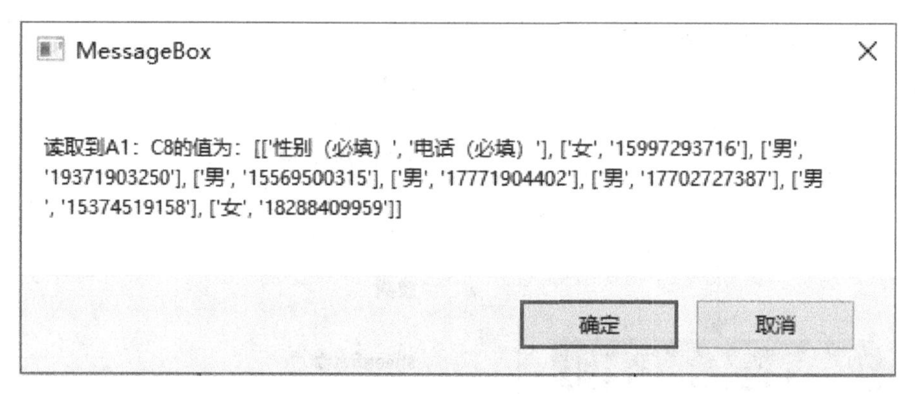

图 5-9　MessageBox 对话框

D8　　fx　ok

	A	B	C	D
1	提交时间（自动）	性别（必填）	电话（必填）	
2	2022年11月11日 11:46	女	15997293716	
8	2022年11月11日 11:55	女	18288409959	ok
9	2022年11月11日 11:57	女	15171671761	
10	2022年11月11日 11:57	女	13872251341	
13	2022年11月11日 12:00	女	18790115393	
16	2022年11月11日 12:08	女	19186407651	
21	2022年11月11日 13:25	女	13367260825	

图 5-10　打开 Excel 文件查看结果

5.1.2　Excel 的内存表操作

Pandas内存表是WeAutomate中的特有数据类型，可以通过Studio中的getTable控件来获取。getTable控件从Web页面上抓取标准结构的表格数据，捕获到的数据会以Pandas dataframe对象的数据类型自动保存在变量中。下面通过一个综合的案例，来介绍内存表操作的相关控件。

【案例5.2】打开一个网页，读取网页中的表格数据内容，并保存在Pandas格式的Excel文件中，设置和运行结果如图5-11所示。

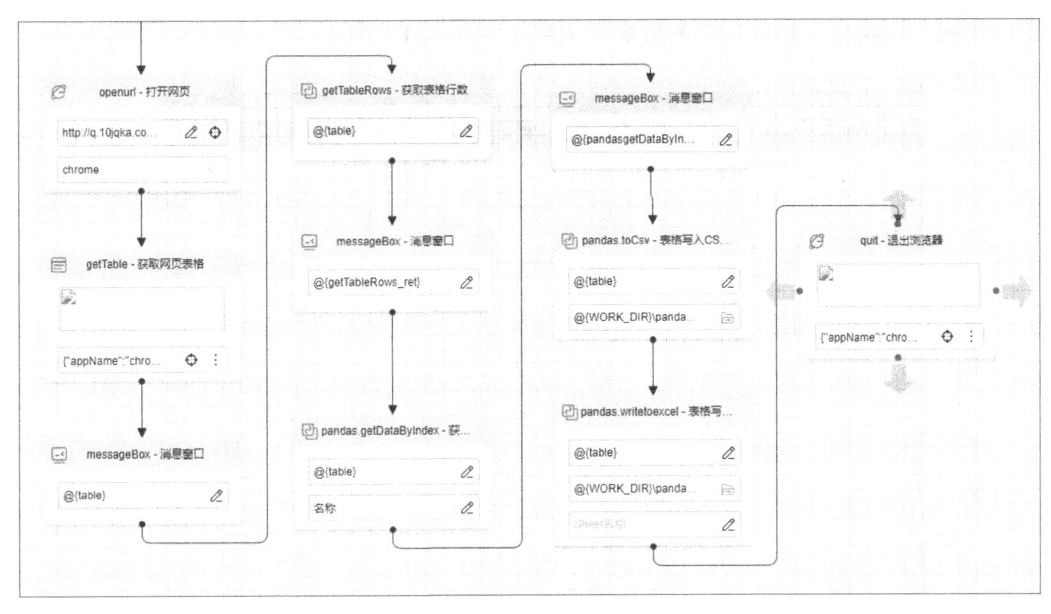

图 5–11　Excel 的内存表操作

操作步骤如下。

（1）创建脚本，命名为“Pandas数据”，“开发者”和“描述”中的内容选填。

（2）单击开始图标下方的箭头，添加“打开网页”控件，打开一个网页，设置“网页地址”为“http://q.10jqka.com.cn/”，“浏览器类型”为“chrome”，“最大化打开网页”为“True”，如图5–12所示。

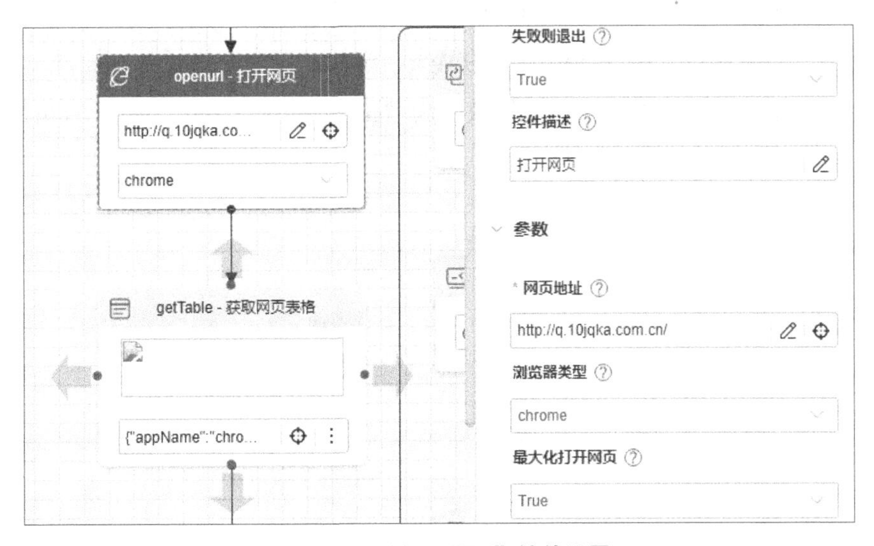

图 5–12　“打开网页”控件设置

（3）单击“打开网页”控件图标下方的箭头，添加“获取网页表格”控件，从上一步打开的网页中获取表格数据，设置“表格数据”为“table”，“等待页面加载”为“complete”完成后再操作，打开浏览器并输入上一步的网页，设置“目标元素”，单击手动拾取按钮，在网页上拾取“个股数据”表格，如图5-13所示。

个股行情

全部股票 上证A股 深证A股 京证A股 创业板 科创板

序号	代码	名称	现价	涨跌幅(%)	涨跌	涨速(%)	换手(%)	量比	振幅(%)	成交额	流通股
1	300315	掌趣科技	6.16	20.08	1.03	0.00	20.97	2.44	21.83	31.18亿	26.07
2	300085	银之杰	13.90	20.04	2.32	0.00	13.31	4.22	21.42	9.19亿	5.27
3	300113	顺网科技	16.43	20.02	2.74	0.00	8.98	1.90	17.09	9.87亿	6.94
4	301085	亚康股份	45.22	20.01	7.54	0.00	20.07	0.99	21.29	2.69亿	3182.1
5	300533	冰川网络	66.11	20.00	11.02	0.00	15.53	0.85	17.79	10.25亿	1.06
6	301205	联特科技	129.82	20.00	21.64	0.00	29.74	0.72	16.57	6.60亿	1802.0
7	688025	杰普特	58.02	20.00	9.67	0.00	14.02	3.47	17.52	4.29亿	5516.7
8	300418	昆仑万维	65.16	20.00	10.86	0.00	14.30	1.03	18.49	95.44亿	10.87
9	300280	紫天科技	28.08	20.00	4.68	0.00	10.49	1.34	20.43	4.44亿	1.60
10	300624	万兴科技	140.40	20.00	23.40	0.00	13.67	0.90	16.57	20.67亿	1.16
11	300805	电声股份	9.84	20.00	1.64	0.00	6.89	2.89	18.05	1.80亿	2.74
12	300678	中科信息	54.18	20.00	9.03	0.00	23.14	0.96	21.37	21.23亿	1.85
13	301270	汉仪股份	44.94	20.00	7.49	0.00	31.48	4.35	19.73	2.72亿	2006.5

图5-13 在网页上拾取“个股数据”表格

（4）单击“获取网页表格”控件图标下方的箭头，添加“消息窗口”控件，设置“消息框内容”为“@{table}”；检查一下刚才拾取的表格数据是否正确显示。

（5）单击“消息窗口”控件图标下方的箭头，添加“获取表格行数”控件，设置“表格对象”为“@{table}”，结果是“表格行数”为“getTableRows_ret”，如图5-14所示。

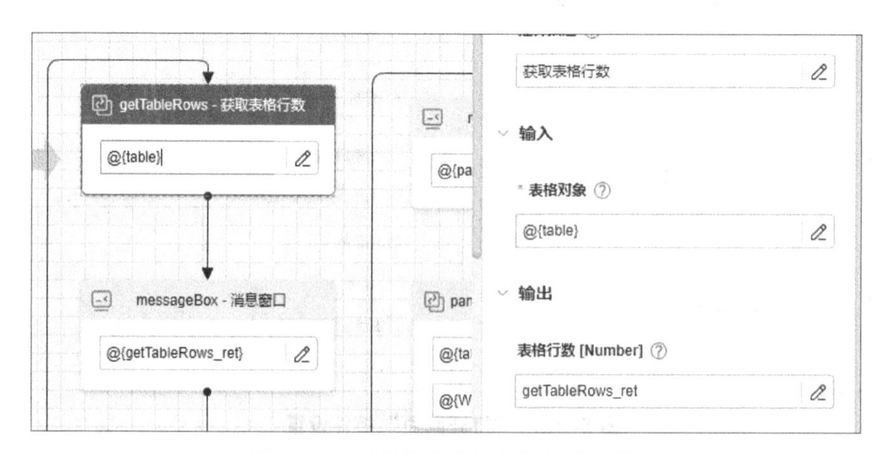

图5-14 “获取表格行数”控件设置

（6）单击“获取表格行数”控件图标下方的箭头，添加“消息窗口”控件，设置“消息框内容”为“@{getTableRows_ret}”，显示表格行数。

（7）单击“消息窗口”控件图标下方的箭头，添加“获取指定列数据”控件，设置“DataFrame 对象”为“@{table}”，“列名称或索引”为“名称”，结果会保存在“列数据”属性“pandasgetDataByIndex_ret”变量中，如图 5-15 所示。

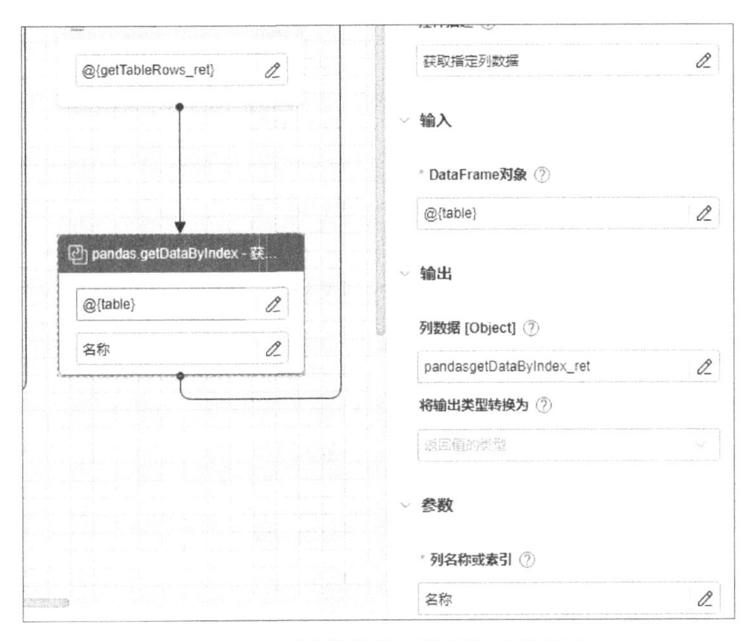

图 5-15　“获取指定列数据”控件设置

（8）单击“获取指定列数据”控件图标下方的箭头，添加“消息窗口”控件，设置“消息框内容”为“@{pandasgetDataByIndex_ret}”，显示上一步的结果。

（9）单击“消息窗口”控件图标下方的箭头，添加“表格写入 CSV 文件”控件，设置“表格对象”为“@{table}”，“CSV 文件路径”为“@{WORK_DIR}\pandas.csv”，“编码”为“utf-8”，能很好地显示中文，如图 5-16 所示。

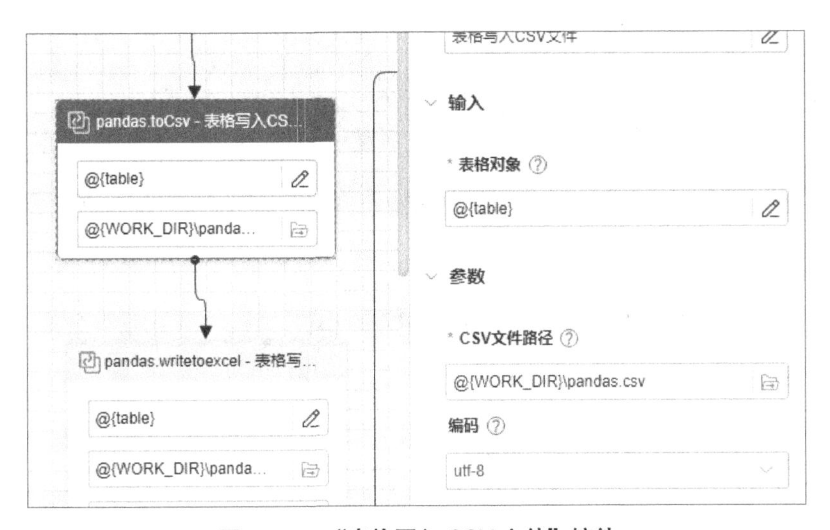

图 5-16　“表格写入 CSV 文件”控件

（10）单击“表格写入CSV文件”控件图标下方的箭头，添加“表格写入Excel”控件，设置“表格对象”为“@{table}”，“Excel文件路径”为“@{WORK_DIR}\pandas.xlsx”，“是否写入列头”为“True”，“是否写入行号”为“False”，如图5-17所示。

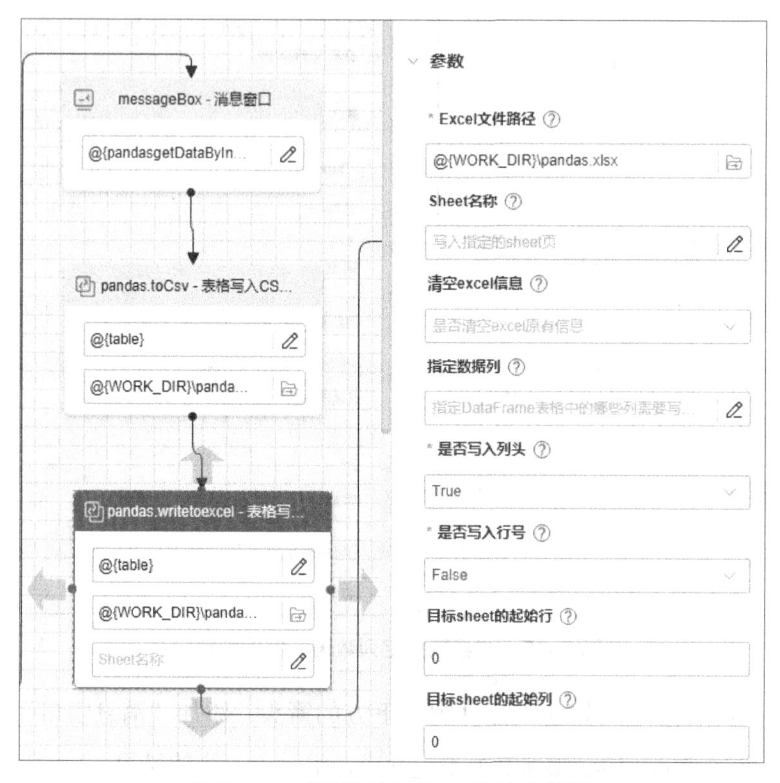

图 5-17 “表格写入 Excel”控件设置

（11）单击“表格写入Excel”控件图标下方的箭头，添加“退出浏览器”控件，设置“目标页面”为刚才打开的网页，也可以使用拾取器选择，如图5-18所示。

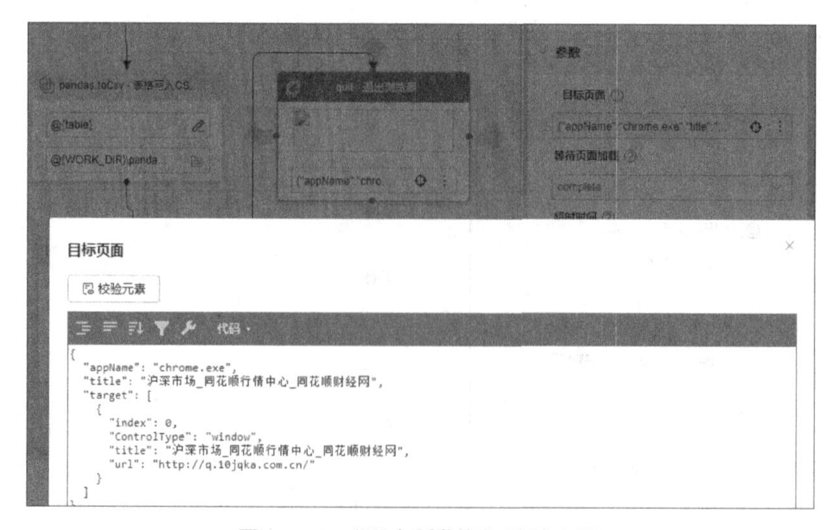

图 5-18 “退出浏览器”控件设置

（12）单击软件工具栏中的“运行”按钮或按快捷键“Ctrl+F10”，运行脚本并观察运行结果。在弹出一个网页显示股票数据之后，依次弹出3个对话框，显示截取的个股数据，图5–19是个股的详细数据，图5–20显示的是有20条数据，图5–21提取出来这20条数据的名称列表。打开项目路径下的“pandas.csv”和“pandas.xlsx”文件查看结果，如图5–22所示。

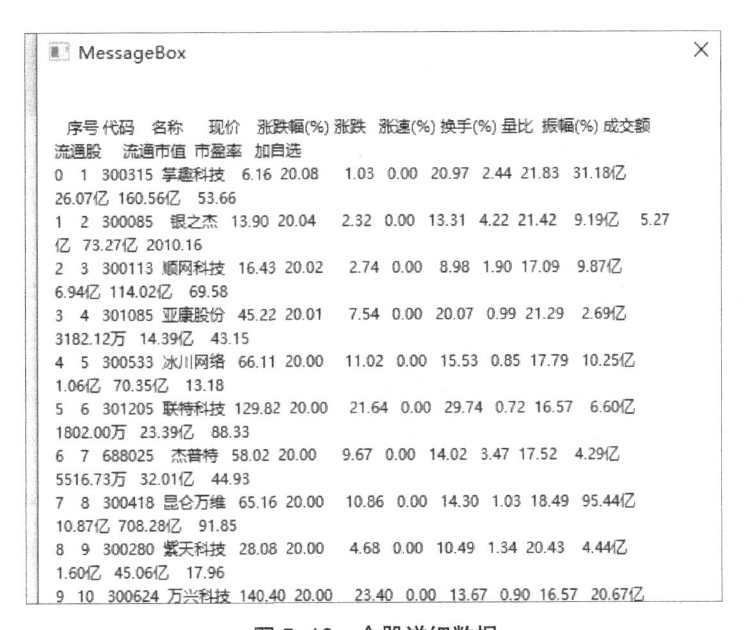

图 5–19　个股详细数据

图 5–20　有 20 条数据

图 5–21　20 条数据的名称列表

序号	代码	名称	现价	涨跌幅(%)	涨跌	涨速(%)	换手(%)	量比	振幅(%)	成交额	流通股	流通市值	市盈率
1	688489	N三未	122.93	55.83	44.04	0.25	59.26	--	18.30	12.02亿	1625.02万	19.98亿	236.90
2	300925	法本信息	14.51	20.02	2.42	0.00	15.08	6.94	12.49	4.21亿	1.99亿	28.86亿	38.57
3	688051	佳华科技	29.92	20.02	4.99	0.00	11.50	20.86	20.06	7759.11万	2382.88万	7.13亿	亏损
4	301299	卓创资讯	47.21	20.00	7.87	0.00	38.32	13.48	20.11	2.53亿	1500.00万	7.08亿	38.42
5	300942	易瑞生物	26.01	19.04	4.16	-0.80	25.12	4.06	19.86	6.34亿	1.04亿	27.10亿	52.71
6	300578	会畅通讯	18.28	16.43	2.58	0.50	5.96	9.70	17.58	1.96亿	1.93亿	35.25亿	51.79
7	300235	方直科技	12.36	16.27	1.73	0.16	15.01	21.25	21.07	2.44亿	1.34亿	16.60亿	56.28
8	688787	海天瑞声	72.17	15.66	9.77	-0.43	7.73	7.50	18.14	1.43亿	2654.11万	19.15亿	124.35
9	688218	江苏北人	21.54	15.13	2.83	1.13	12.10	7.11	15.45	2.17亿	8928.31万	19.23亿	亏损
10	300226	上海钢联	23.96	13.88	2.92	-0.17	7.58	8.03	17.87	4.49亿	2.57亿	61.68亿	34.83
11	300712	永福股份	52.01	13.56	6.21	-0.65	6.25	3.95	16.16	5.84亿	1.85亿	96.06亿	131.63
12	300168	万达信息	10.34	12.64	1.16	-0.19	3.26	9.10	14.16	3.90亿	11.83亿	122.34亿	亏损
13	301159	三维天地	34.68	11.80	3.66	1.08	23.05	3.86	14.35	1.48亿	1935.00万	6.71亿	亏损
14	688579	山大地纬	11.77	11.67	1.23	0.09	6.29	7.40	17.55	2.09亿	2.82亿	33.15亿	143.66
15	300212	易华录	26.56	10.48	2.52	-0.15	6.56	2.47	14.56	10.61亿	6.24亿	165.83亿	亏损
16	301166	优宁维	69.86	10.47	6.62	-0.01	27.93	2.16	11.31	4.02亿	2165.41万	15.13亿	57.48
17	002374	中锐股份	5.45	10.10	0.50	0.00	10.43	11.14	6.06	5.98亿	10.66亿	58.12亿	216.84
18	002235	安妮股份	5.46	10.08	0.50	0.00	10.11	4.51	10.48	2.93亿	5.48亿	29.93亿	亏损
19	600493	凤竹纺织	6.45	10.07	0.59	0.00	9.87	1.96	11.09	1.71亿	2.72亿	17.54亿	47.70
20	000561	烽火电子	8.87	10.05	0.81	0.00	5.97	10.77	10.67	3.14亿	6.02亿	53.41亿	1233.95

图 5–22　打开项目路径下的“pandas.csv”和“pandas.xlsx”文件查看结果

5.1.3 Excel 的 JSON 数据操作

JS对象简谱（JavaScript Object Notation，JSON）是一种轻量级的数据交换格式，它采用完全独立于编程语言的文本格式来储存和表示数据。当前JSON数据格式比较流行，正逐步替代传统的XML数据格式。它的优点是易于阅读和编写，也易于机器编译和生成。JSON的格式表示方法是使用“方括号”保存数组、“花括号”保存对象、“逗号”分隔数据、键值对（key – value ）标识对象。其中，key必须为String类型，value可以是任何基本类型，对象或者数据JSON与字典（Dictionary）非常类似，都是key–value的形式，而且JSON、字典（Dictionary）也可以非常方便地通过dumps函数、loads函数实现相互转换。

【案例5.3】打开一个Excel文件，读取其中的内容，并处理后写入Excel的单元格中，最后关闭文件，设置和运行结果如图5–23所示。

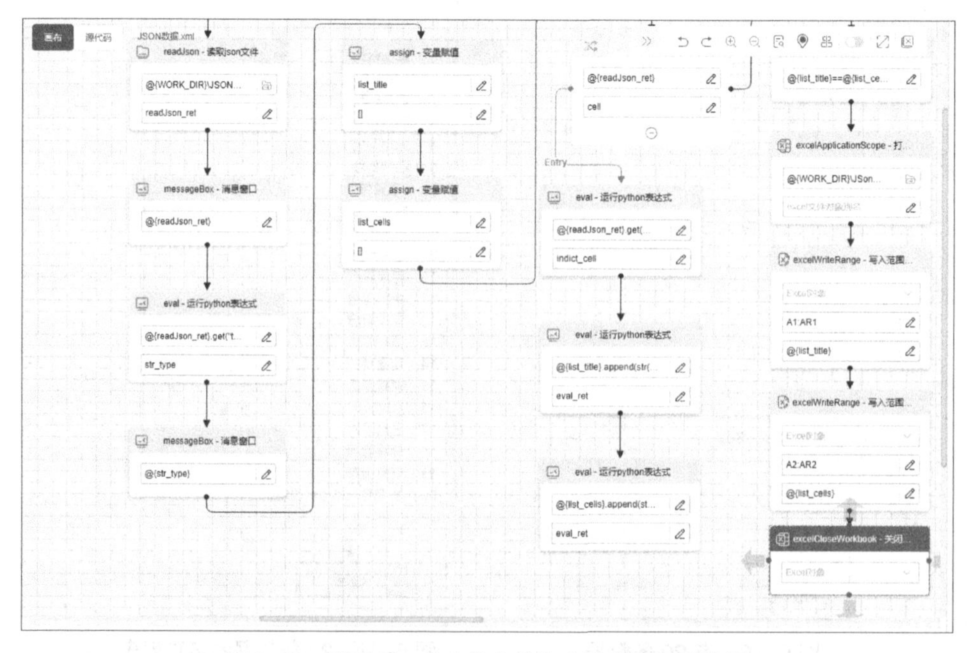

图 5–23　读取 Excel 文件中的内容设置和运行结果

操作步骤如下。

（1）创建脚本，命名为“JSON数据”，“开发者”和“描述”中的内容选填。

（2）单击开始图标下方的箭头，添加“读取json文件”控件，设置“文件路径”为“@{WORK_DIR}\JSON数据.json”，读取出来的内容放在“文件内容”属性的“readJson_ret”变量中。“JSON数据.json”文件的内容如下。

{“type”:“electronic”,

“serial_number”:“”,

“attribution”:“湖北”,

“supervision_seal”:[

“全国统一发票监制章”,

“湖北”,

“国家税务总局监制”],

“code”:“032001712345”,

“check_code”:“50427058370010132 5498”,

“machine_number”:“66321657394”,

“print_number”:“”,

“number”:“432154423”,

“issue_date”:“2022年06月11日”,

“encryption_block”:“/3213607>989<5>7+5-4/2*4-765/961789+2/*8<997/39/3+85663-7*064<77845680-4276*2/8-54560//7451625*861814>8”,

“buyer_name”:“WTC”,

“buyer_id”:“914403001922038216”,

“buyer_address”:“关山大道”,

“buyer_bank”:“农行6”,

“seller_name”:“wtc”,

“seller_id”:“913201147770231720”,

“seller_address”:“关山大道”,

“seller_bank”:“农行”,

“subtotal_amount”:“￥47.17”,

“subtotal_tax”:“￥312.83”,

“total”:“￥80.00”,

“total_in_words”:“捌拾圆整”,

"remarks"："",

"receiver"："胡斌",

"reviewer"："胡斌",

"issuer"："胡斌",

"seller_seal"：["wtc",

"954651354650231720",

"发票专用章"]}

（3）单击"读取json文件"控件图标下方的箭头，添加"消息窗口"控件，设置"消息框内容"为"@{readJson_ret}"，把刚才读取出来的内容显示在窗口中。

（4）单击"读取json文件"控件图标下方的箭头，添加"运行python表达式"控件，设置"表达式"为"@{readJson_ret}.get("type")"，将上一步读取的内容中key为"type"的内容提取出来，预期结果应该是"electronic"。

（5）单击"运行python表达式"控件图标下方的箭头，添加"消息窗口"控件，设置"消息框内容"为"@{str_type}"，将上一步的结果显示在窗口中。

（6）单击"消息窗口"控件图标下方的箭头，添加"变量赋值"控件，设置"变量名"为"list_title"，"变量值"为"[]"，定义一个空的json变量，如图5-24所示。

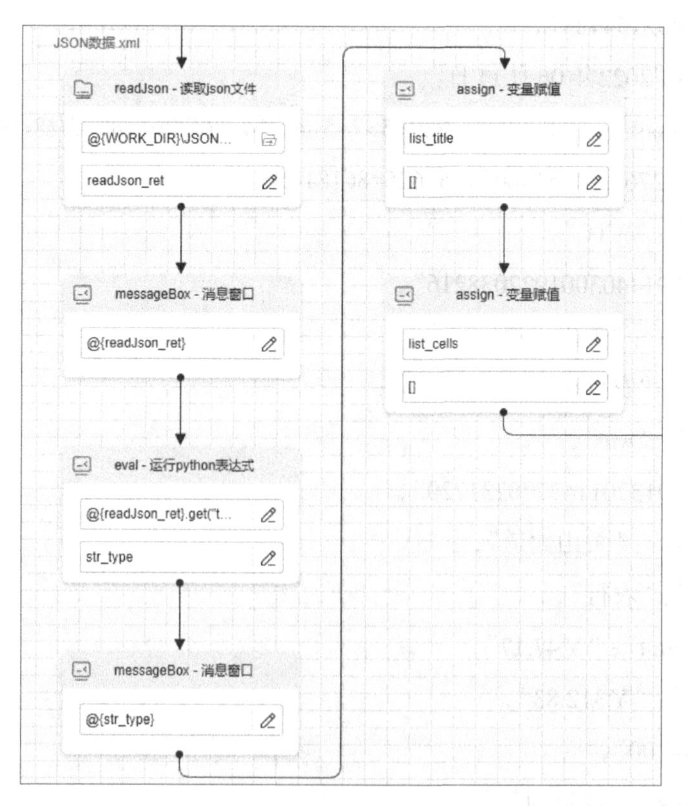

图 5-24 JSON 数据 .xml

（7）单击“变量赋值”控件图标下方的箭头，继续添加“变量赋值”控件，设置“变量名”为“list_cells”，“条目名称”为“cell”，对json文件进行遍历。

（8）单击“变量赋值”控件图标下方的箭头，添加“计次循环”控件，设置“数据集合”为“@{readJson_ret}”，“变量值”为“[ ]”，定义一个空的json变量。

（9）单击“计次循环”控件图标下方的箭头，添加“运行python表达式”控件，选择“进入循环体”，设置“执行结果”为“indict_cell”，“表达式”为“@{readJson_ret}.get（@{cell}）”，将json数据一个个地放入执行结果变量中，如图5–25所示。

（10）单击“运行python表达式”控件图标下方的箭头，继续添加“运行python表达式”控件，设置“表达式”为“@{list_title}.append（str（@{cell}））”，如图5–25所示。

（11）单击“运行python表达式”控件图标下方的箭头，继续添加“运行python表达式”控件，设置“表达式”为“@{list_cells}.append（str（@{indict_cell}））”，如图5–25所示。

（12）单击“计次循环”控件图标右侧的箭头，添加“消息窗口”控件，自动进入“退出循环体”的“exit”接口，执行循环结束后的流程。设置“消息框内容”为“@{list_title}==@{list_cells}”。

（13）单击“消息窗口”控件图标下方的箭头，添加“打开Excel文件”控件，设置“Excel文件路径”为“@{WORK_DIR}\JSon导出数据.xlsx”，将结果写入Excel文件，其他设置均为默认。

（14）单击“打开Excel文件”控件图标下方的箭头，添加“写入范围单元格”控件，设置“起始位置”为“A1：AR1”，“数据”为“@{list_title}”，将结果写入Excel文件的指定区域，其他设置均为默认，如图5–26所示。

（15）单击“写入范围单元格”控件图标下方的箭头，继续添加“写入范围单元格”控件，设置“起始位置”为“A2：AR2”，“数据”为“@{list_cells}”，将结果写入Excel文件的指定区域，其他设置均为默认，如图5–25所示。

（16）添加“关闭工作簿”控件，设置均为默认，由于项目只打开了一个Excel文件，所以不需要指定“Excel对象”。

（17）单击软件工具栏中的“运行”按钮或按快捷键“Ctrl+F10”，运行脚本并观察运行结果。首先弹出一个对话框显示发票信息，如图5–27所示；其次弹出对话框显示type的值“electronic”，如图5–28所示；最后弹出消息框显示处理后的发票数据，如图5–29所示。打开项目路径下的“JSON导出数据.xlsx”文件查看结果，导出了发票的所有信息，如图5–30所示。

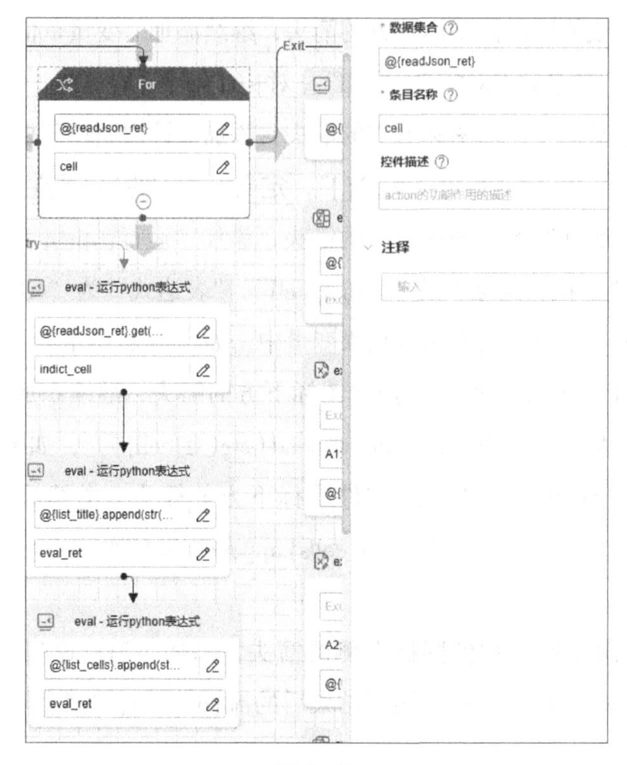
Exit
For
@{readJson_ret}
cell
eval - 运行python表达式
@{readJson_ret}.get(...
indict_cell
eval - 运行python表达式
@{list_title}.append(str(...
eval_ret
eval - 运行python表达式
@{list_cells}.append(st...
eval_ret
* 数据集合
@{readJson_ret}
* 条目名称
cell
控件描述
action的功能作用的描述
注释
输入

图 5–25

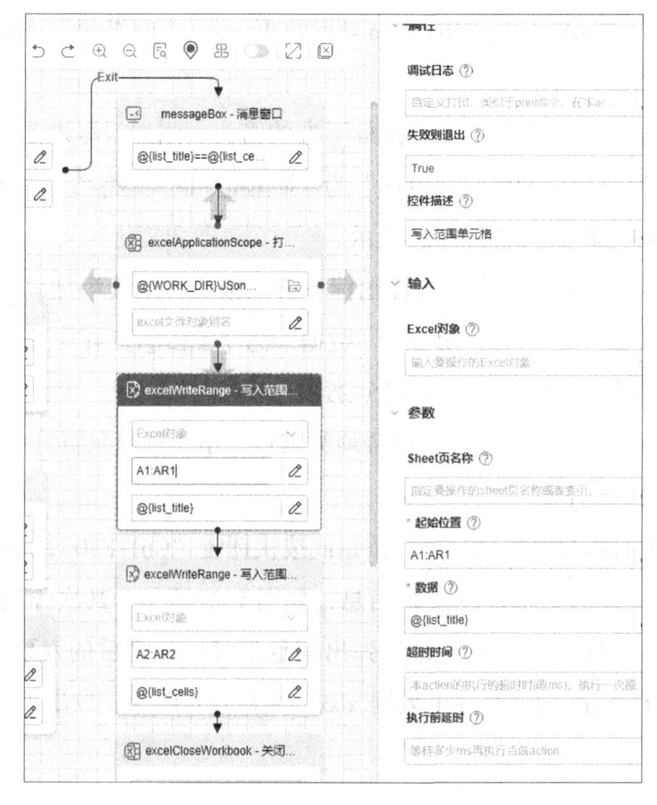
Exit
messageBox - 消息窗口
@{list_title}==@{list_ce...
excelApplicationScope - 打...
@{WORK_DIR}\JSon...
excel文件对象别名
excelWriteRange - 写入范围...
Excel对象
A1:AR1
@{list_title}
excelWriteRange - 写入范围...
Excel对象
A2:AR2
@{list_cells}
excelCloseWorkbook - 关闭...
调试日志
失败则退出
True
控件描述
写入范围单元格
输入
Excel对象
输入要操作的Excel对象
参数
Sheet页名称
* 起始位置
A1:AR1
* 数据
@{list_title}
超时时间
执行前延时
等待多少ms再执行当前action

图 5–26

图 5-27　显示出票信息对话框

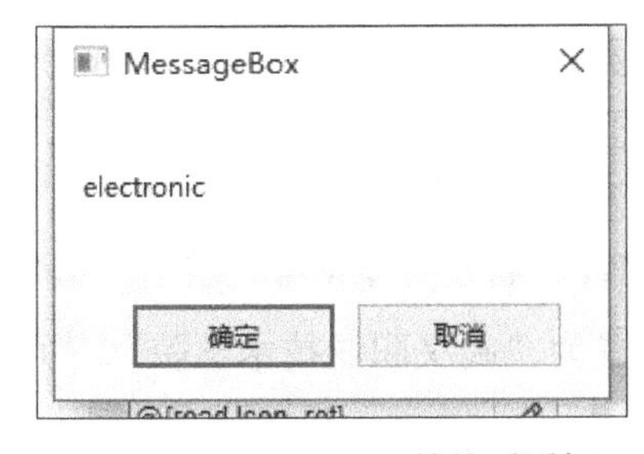

图 5-28　显示 type 的值对话框

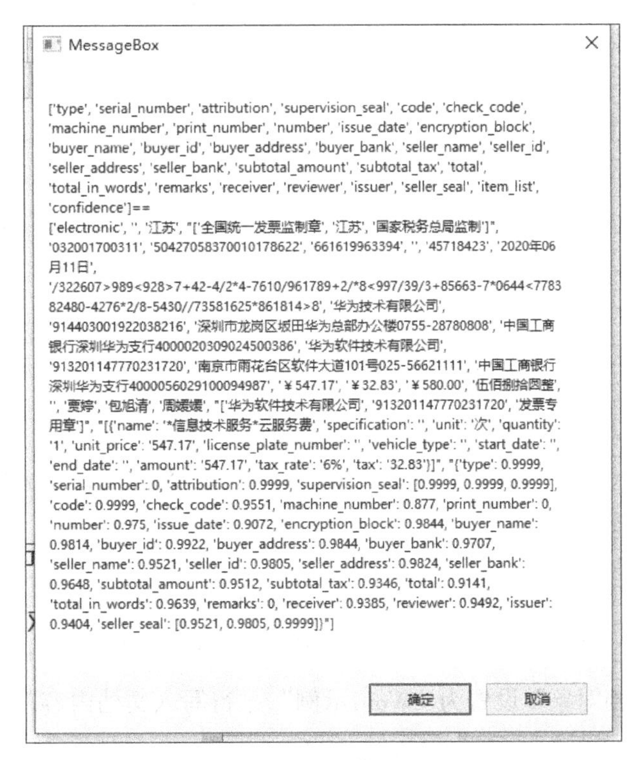

图 5-29　处理后的发票数据

A1 type

	A	B	C	D	E	F	G	H	I	J	K	L	M	
1	type	serial_num	attribution	supervisior	code	check_cod	machine_n	print_numl	number	issue_date	encryption	buyer_nam	buyer_id	bu
2	electronic		江苏	['全国统一	3.2E+10	5.04E+19	6.62E+11		45718423	2020年06月	/322607>9	华为技术有	9.14E+17	深
3														
4														

图 5–30　查看文件结果

5.2　Word 自动化

本节主要讲述WeAutomate设计器中Word的基本操作。下面用3个案例介绍使用方法。

【案例5.4】一个综合案例，创建、导出、输入内容到Word中，如图5–31所示。

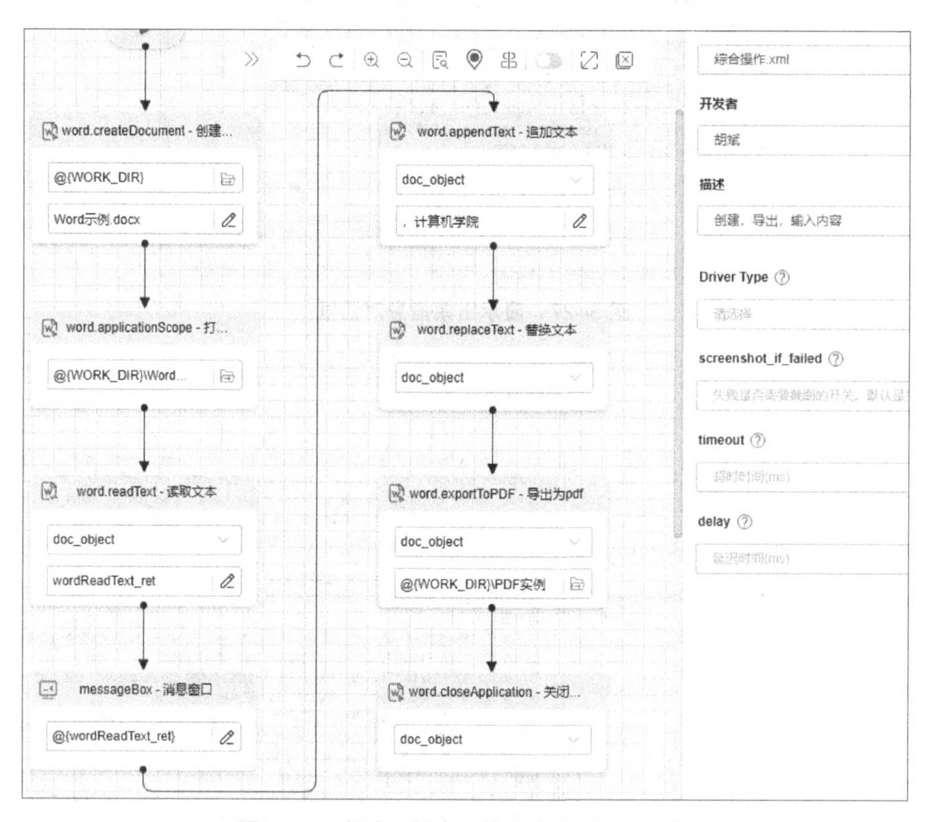

图 5–31　创建、导出、输入内容到 Word 中

操作步骤如下。

（1）创建脚本，命名为“综合操作”，“开发者”和“描述”中的内容选填。

（2）单击开始图标下方的箭头，添加“创建文档”控件，新建一个Word文档，“word文档对象”设置为“Word示例”，“待写入文档内容”设置为“武汉职业技术学院”，“可见”为“False”，“文档保存目录”设置为“@{WORK_DIR}”，“文件名”设置为“Word示例.docx”，“覆盖存在的文件”设置为“True”，“打开方式”为“Word”，如图5–32所示。

图 5–32　“综合操作”设置

关键参数说明如下。

可见：文档是否前台可见，默认为“False”表示不可见，Word在后台运行。

*文件名：设置文档保存的文件名，仅支持doc格式、docx格式、docm格式。

打开方式：可选择Word或WPS，默认为Word。

覆盖存在的文件：保存文件时是否覆盖已存在的doc文档，不覆盖时，在文件名后加上时间字符串，默认为“True”，即覆盖。

返回的Word文档对象默认为doc object。

（3）单击“创建文档”控件图标下方的箭头，添加“打开Word文档”控件，打开刚才创建的Word文件，设置“文档路径”为“@{WORK_DIR}\Word示例.docx”，“是否可见”为“False”，“打开方式”为“Word”，其他设置如图5–33所示。

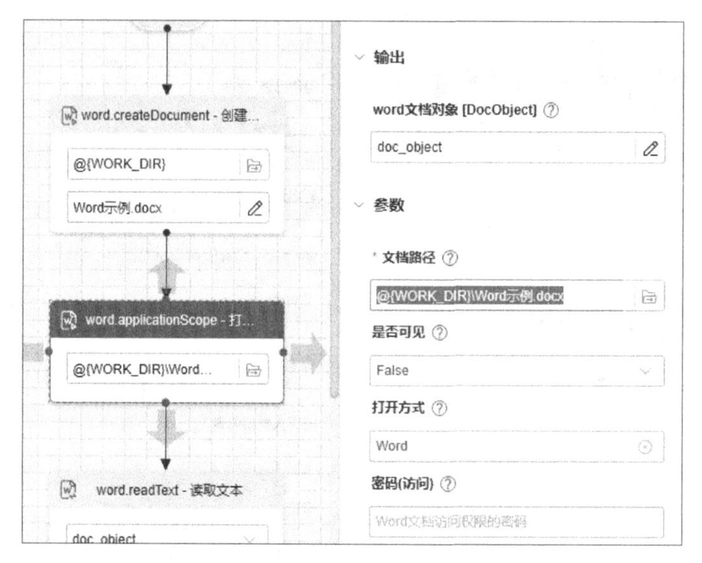

图 5-33 “打开 Word 文档”控件设置

设置参数说明如下。

密码（访问）：Word文档访问权限的密码。

密码（编辑）：Word文档编辑权限的密码。

（4）单击“打开Word文档”控件图标下方的箭头，添加“读取文本”控件，读取刚才打开的Word文件读取内容，保存在“文档内容”的变量“wordReadText_ret”中。

（5）单击“读取文本”控件图标下方的箭头，添加“消息窗口”控件，设置“消息框内容”为“@{wordReadText_ret}”，显示我们读取到的内容。

（6）单击“消息窗口”控件图标下方的箭头，添加“追加文本”控件，设置“目标单元格”为“D8”，“待追加文本”为“，计算机学院”，如图5-34所示。

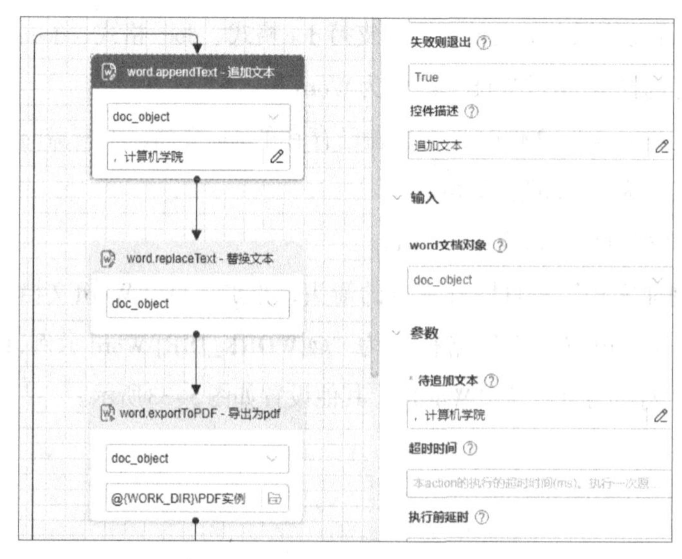

图 5-34 “追加文本”控件设置

设置参数说明如下。

追加文本的内容是不带任何格式的。

（7）单击“追加文本”控件图标下方的箭头，添加“替换文本”控件，设置“替换方式”为“all”，“替换表达式”为“find_text=计算机学院，replace_text=人工智能”，找到所有的“计算机学院”，替换成“人工智能”，如图5–35所示。

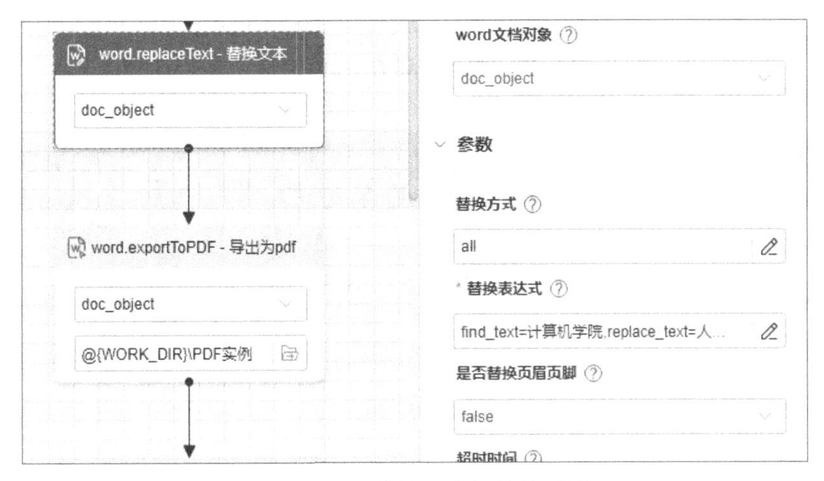

图 5–35　“替换文本”控件设置

关键参数说明如下。

①替换方式：“first”为替换文档中查找结果的第一个，“last”为替换文档中查找结果的最后一个，“all”为替换文档中查找结果的所有，数字为替换文档中查找结果的第几个（int类型）。默认为替换所有。

②*替换表达式：填写find text和replace text。

③是否替换页眉页脚：替换区域是否涉及页眉页脚。

④替换完毕后文件就被保存了，第二次执行就找不到替换的内容了。

（8）单击“替换文本”控件图标下方的箭头，添加“导出为pdf”控件，设置“导出pdf全路径”为“@{WORK_DIR}\PDF实例.pdf”，“覆盖存在的文件”为“True”，如图5–35所示。

（9）单击“导出为pdf”控件图标下方的箭头，添加“关闭word”控件。

（10）单击软件工具栏中的“运行”按钮或按快捷键“Ctrl+F10”，运行脚本并观察运行结果。跳出如图5–36所示对话框，显示创建的Word文件“Word示例.docx”中的文本内容。紧接着会有Word窗口闪现后消失，这是后续脚本在自动运行，打开项目目录，找到生成的“Word示例.docx”和导出的“PDF实例.pdf”，查看文件结果，如图5–37和图5–38所示。

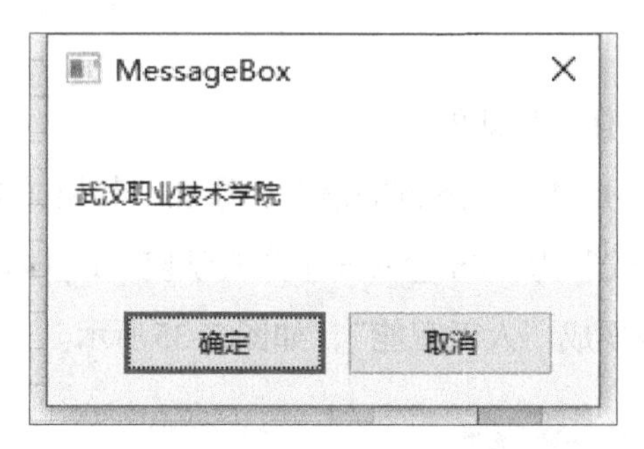

图 5-36　显示创建的 Word 文件

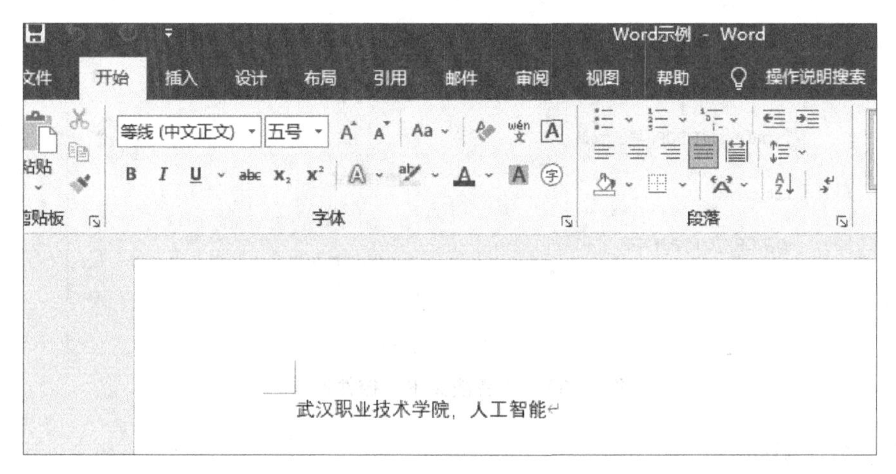

图 5-37　生成的“Word 示例 .docx”

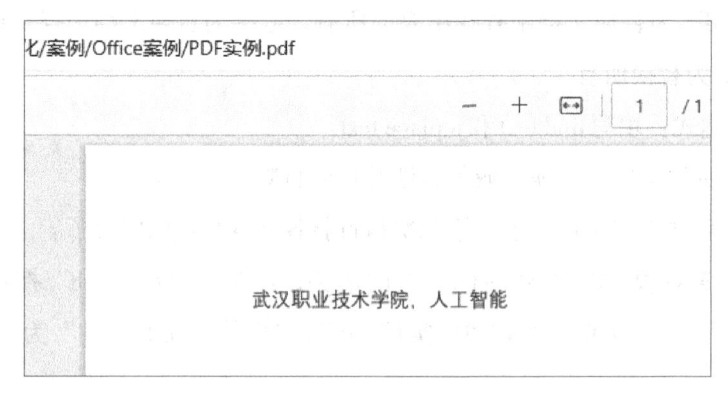

图 5-38　导出的“PDF 实例 .pdf”

【案例5.5】在Word文档中进行光标定位，有了光标定位才能随意在文档中编辑内容，如图5-39所示。

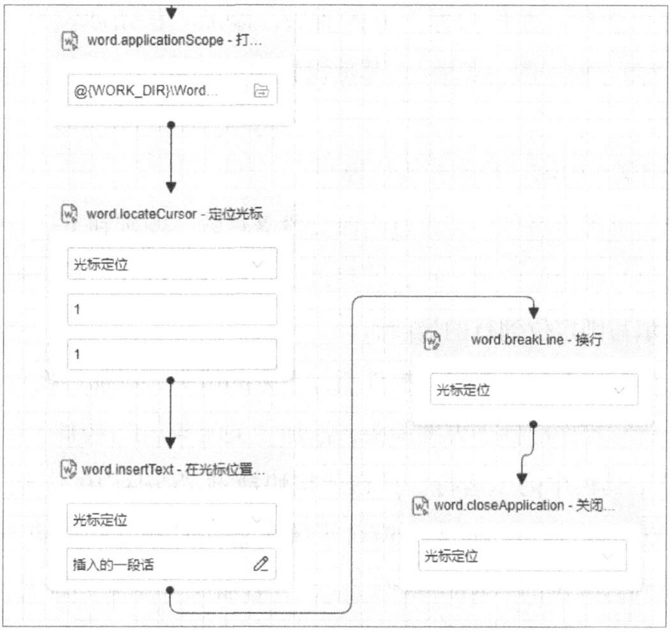

图5-39　Word文档中光标定位的设置

操作步骤如下。

（1）创建脚本，命名为“光标定位”，“开发者”和“描述”中的内容选填。

（2）单击开始图标下方的箭头，添加“打开Word文档”控件，“文档路径”设置为“@{WORK_DIR}\Word示例.docx”，“是否可见”为“False”，“打开方式”为“Word”。

（3）单击“打开Word文档”控件图标下方的箭头，添加“定位光标”控件，“页数”设置为“1”，“段落编号”设置为“1”，其他设置如图5-40所示。

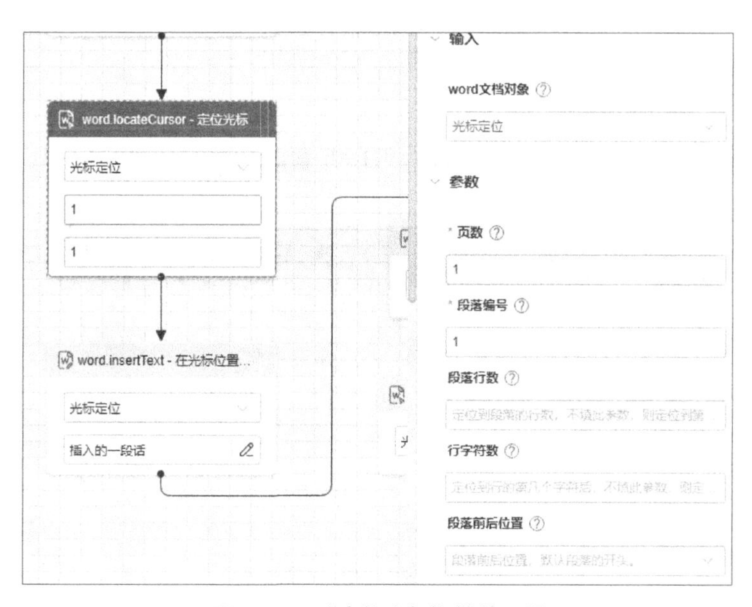

图5-40　“定位光标”控件设置

（4）单击“定位光标”控件图标下方的箭头，添加“在光标位置插入文本”控件，“待插入内容”设置为“插入的一段话”，其他设置如图 5-40 所示。

参数说明如下。

* 页数：定位到某页的第一段的开头位置。

段落编号：当前页段落序号，若超过当前页段落总数，顺延到下一页。

段落行数：不填写则定位到第一行，若超过段落的最大行数，顺延到后面的段落。

行字符数：不填写则定位到行的最前面。

（5）单击“在光标位置插入文本”控件图标下方的箭头，添加“换行”控件。

（6）单击“换行”控件图标下方的箭头，添加“关闭 Word”控件。

（7）单击软件工具栏中的“运行”按钮或按快捷键“Ctrl+F10”，运行脚本并观察运行结果。全程静默运行，通过“日志”窗口了解流程何时开始和结束，如图 5-41 所示。打开项目目录，找到修改过的“Word示例.docx”，查看文件结果，跟案例5.4做对比，发现插入了内容，如图 5-42 所示。

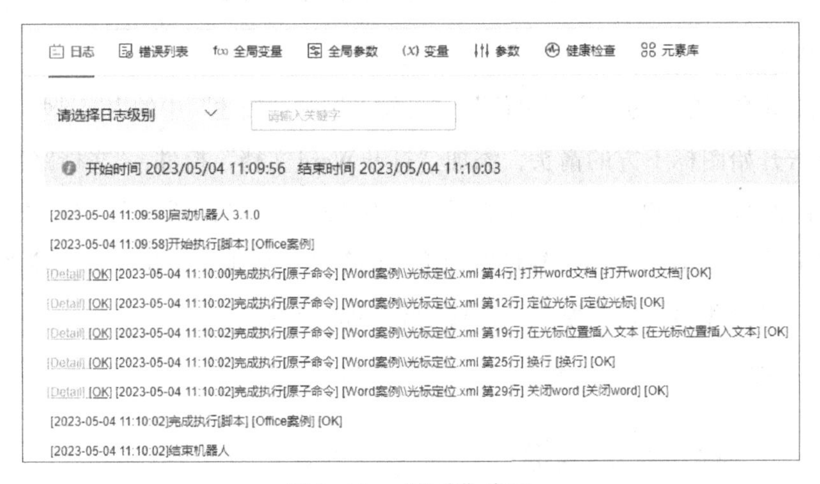

图 5-41 “日志”窗口

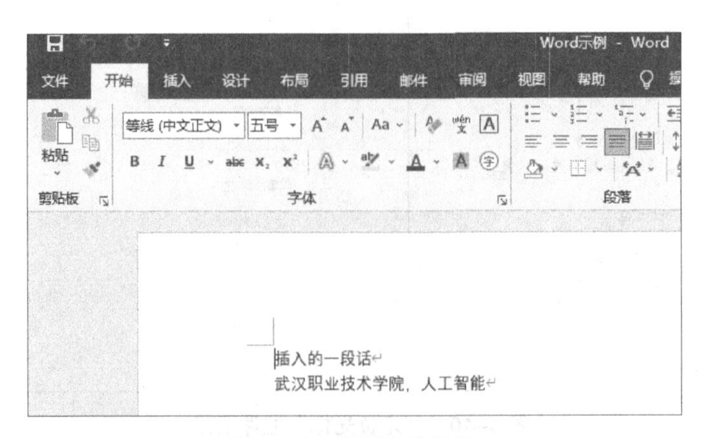

图 5-42 查看文件结果

【案例5.6】在一个Word文档中替换图片，通过设置占位图模板，可以批量替换图片，如图5-43所示。

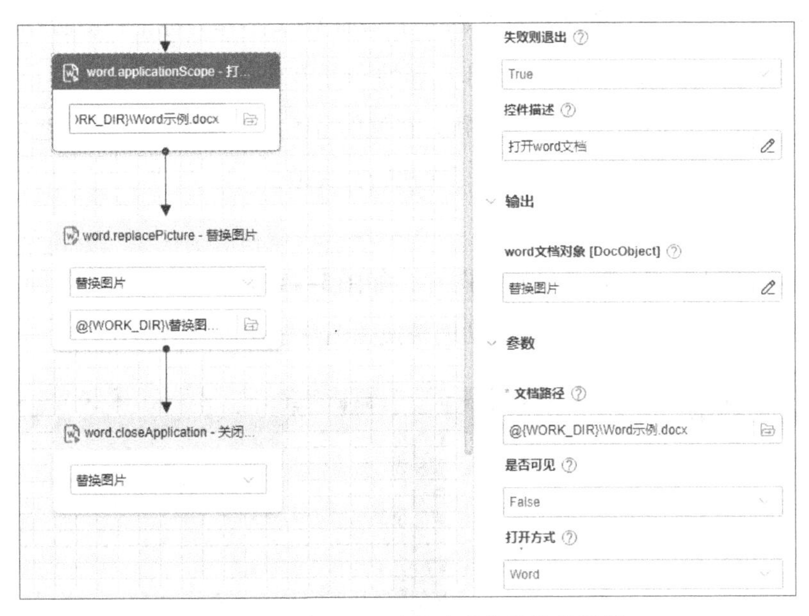

图 5-43　在 Word 文档中替换图片的设置

操作步骤如下。

（1）创建脚本，命名为“替换图片”，“开发者”和“描述”中的内容选填。

（2）单击开始图标下方的箭头，添加“打开Word文档”控件，“文档路径”设置为“@{WORK_DIR}\Word示例.docx”，“是否可见”设置为“False”，“打开方式”设置为“Word”。

（3）单击“打开Word文档”控件图标下方的箭头，添加“替换图片”控件，“图片路径”设置为“@{WORK_DIR}\替换图.png”，“图片定位方式”设置为“Alternative Text”替换文本方式，“图片的Alt_text”设置为“占位图”，其他设置如图5-44所示。

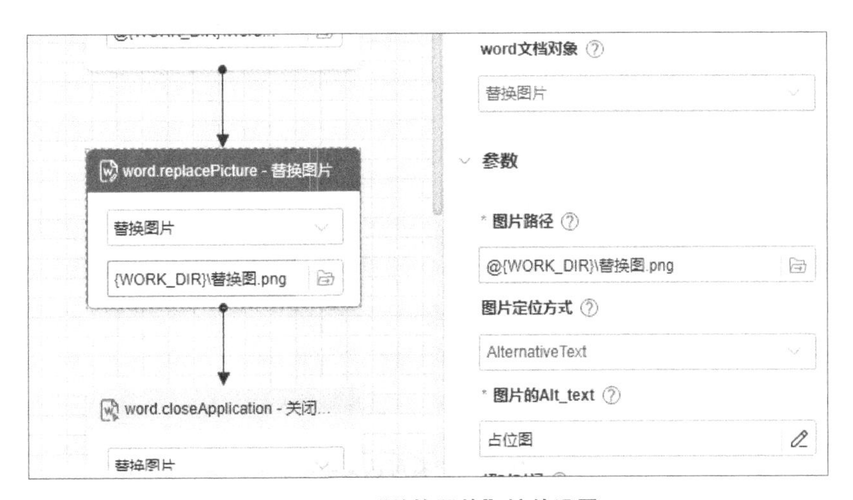

图 5-44　“替换图片”控件设置

参数说明如下。

①图片路径：用于替换的图片路径。

②图片的 Alt_text ：先在需要替换的图片上添加 Alt 文本作为标记；旧版 Office Word 中添加步骤为右击图片→设置图片格式→布局属性→可选文字→说明，输入标记内容“占位图”。新版 Office 365 中 Word 的操作有更新。右键单击图片，选择“查看可选文字”。

③图片替换后 Alt_text 标记会消失，再次执行会失败。

（4）添加“关闭 Word”控件。

（5）在运行流程之前，准备好两张图片，如图 5-45 所示，其中，占位图放在打开的“Word 示例 .docx”中，待自动化流程自动用替换图图片替换占位图图片。

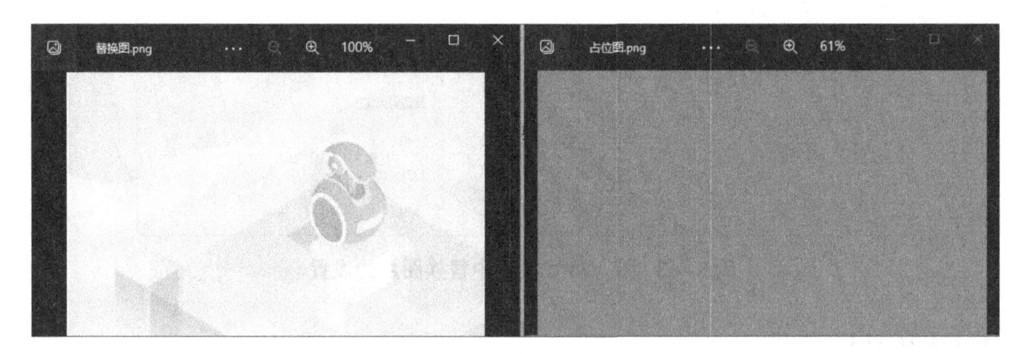

图 5-45　替换图和占位图

在“Word 示例 .docx”中，粘贴占位图图片，右键单击“查看可选文字”，在空白处输入“占位图”3 个字，操作如图 5-46 所示。

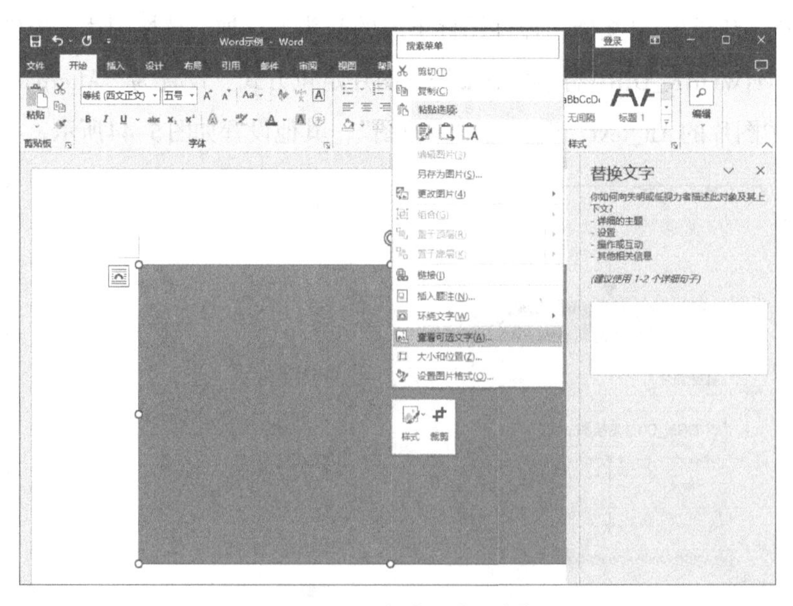

图 5-46　“查看可选文字”

（6）单击软件工具栏中的“运行”按钮或按快捷键“Ctrl+F10”，运行脚本并观察运行结果。全程静默运行，通过“日志”窗口知道流程何时开始和结束，随后打开项目目录，找到修改过的“Word示例.docx”，查看文件结果，发现图片由占位图图片变成了替换图图片，如图5–47所示。

图 5–47　查看文件结果

5.3　PowerPoint 自动化

本节主要讲述WeAutomate设计器中PowerPoint的基本操作。下面用一个综合案例来介绍使用方法。

【案例5.7】PowerPoint的综合案例中，包括新建、打开、保存和另存为、关闭、导出PDF、读取和写入，运行如图5–48所示。

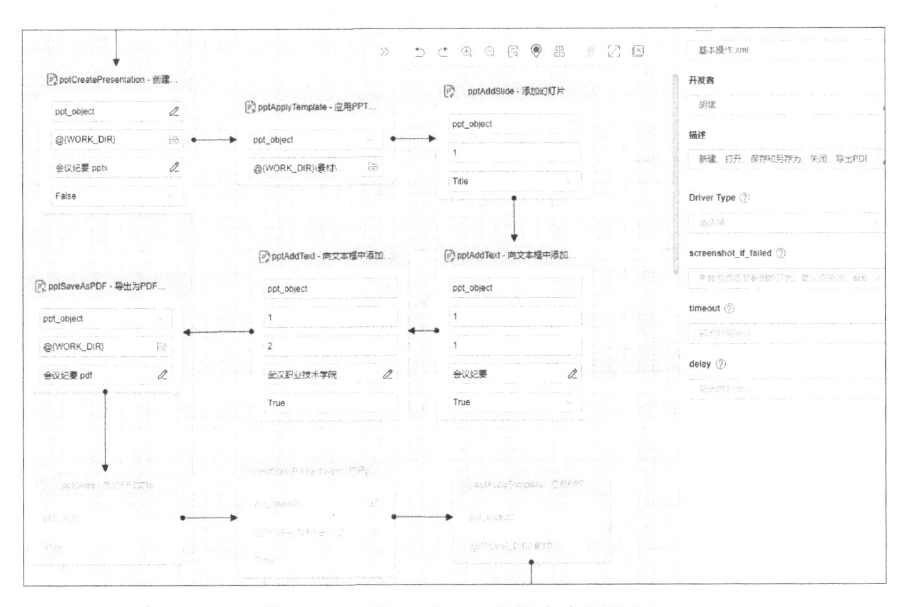

图 5–48　PowerPoint 的综合案例设置

操作步骤如下。

（1）创建脚本，命名为“基本操作”，“开发者”和“描述”中的内容选填。

（2）单击开始图标下方的箭头，添加“创建PPT文件”控件，新建一个PowerPoint文档，“PPT文档对象”设置为“ppt_object”，“文档保存目录”设置为“@{WORK_DIR}”，“PPT文件名”设置为“会议纪要.pptx”，“是否可见”设置为“False”，“覆盖存在的文件”设置为“True”，“打开方式”设置为“PPT”，如图5-49所示。

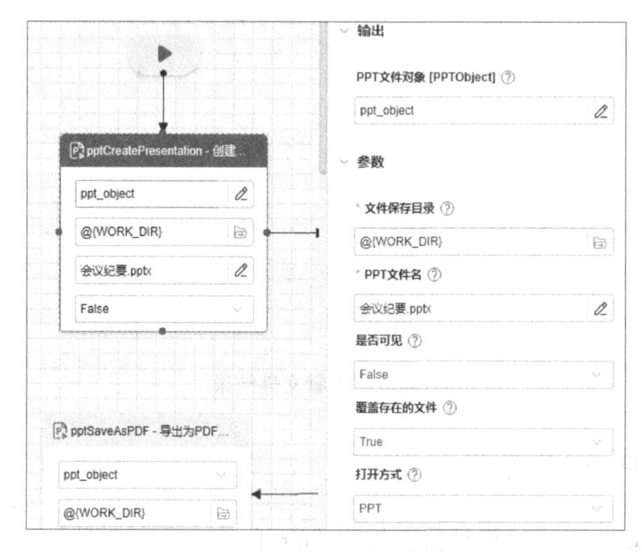

图 5-49 “PPT 文档对象”控件设置

（3）单击“创建PPT文件”控件图标下方的箭头，添加“应用PPT模板”控件，设置“模板文件路径”为“@{WORK_DIR}\素材\我的PPT模板.potx”，提前按照这个路径和文件名，准备一个简单的模板文件备用，其他设置如图5-50所示。

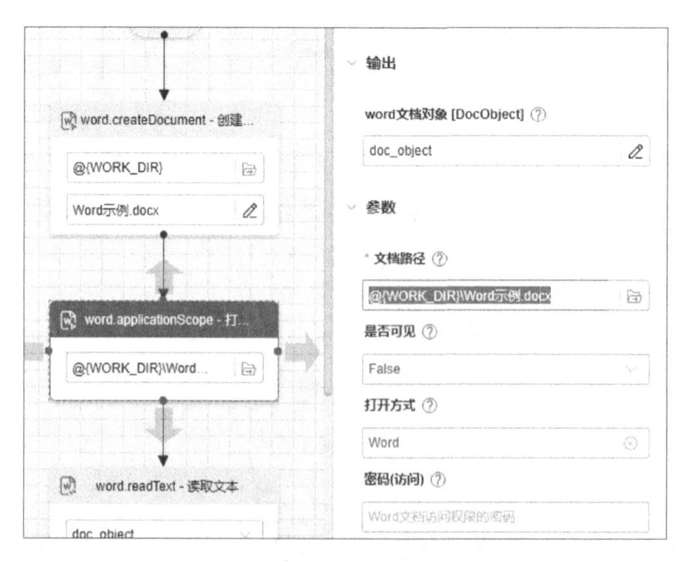

图 5-50 “应用 PPT 模板”控件设置

（4）单击“应用PPT模板”控件图标下方的箭头，添加“添加幻灯片”控件，“幻灯片索引”设置为“1”，添加第一张幻灯片，“幻灯片版式”设置为“Title”，如图5-51所示。

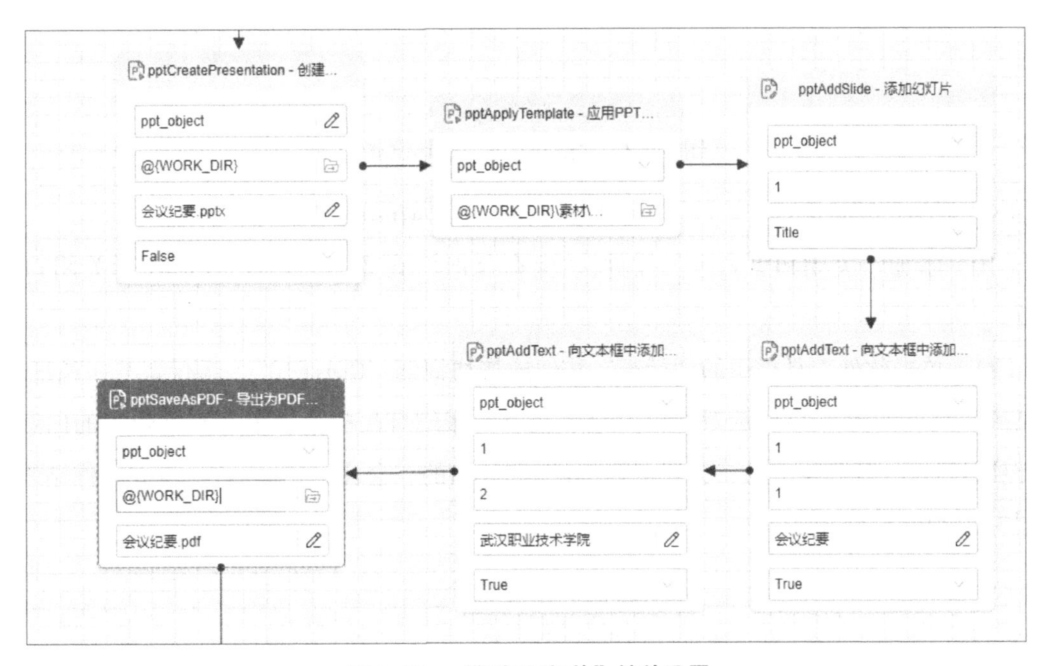

图5-51　“添加幻灯片”控件设置

（5）单击“添加幻灯片”控件图标下方的箭头，添加“向文本框中添加文本”控件，“幻灯片索引”设置为“1”，“文本框序号”设置为“1”，“文本内容”设置为“会议纪要”，“覆盖”设置为“True”，在第一张幻灯片的第一个文本框输入“会议纪要”作为标题，如图5-51所示。

（6）单击“向文本框中添加文本”控件图标下方的箭头，继续添加“向文本框中添加文本”控件，“幻灯片索引”设置为“1”，“文本框序号”设置为“2”，“文本内容”设置为“武汉职业技术学院”，“覆盖”设置为“True”，在第一张幻灯片的第二个文本框中输入“武汉职业技术学院”作为副标题，如图5-51所示。

（7）单击“向文本框中添加文本”控件图标下方的箭头，添加“导出为PDF文件”控件，“文件保存目录”设置为“@{WORK_DIR}”，“pdf文件名”设置为“会议纪要.pdf”，如图5-51所示。

（8）单击“导出为PDF文件”控件图标下方的箭头，添加“获取文本”控件，“幻灯片索引”设置为“1”，“文本框序号”设置为“1”，获取第一张幻灯片的第一个文本框内容，保存在“获取的文本内容”属性“text_ret”中，如图5-52所示。

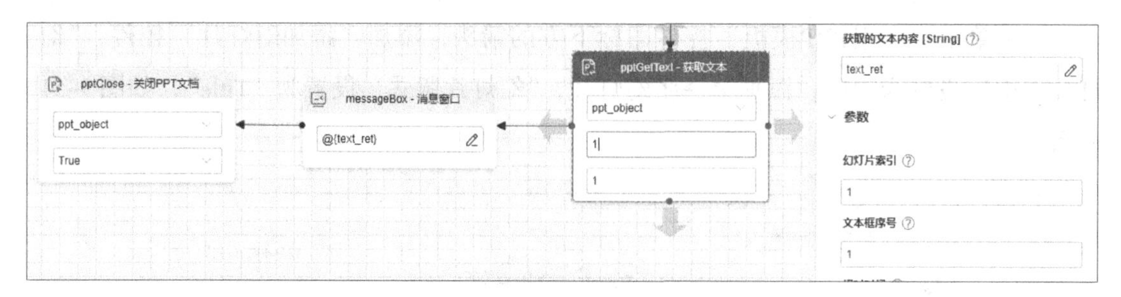

图 5-52 “获取文本”控件设置

（9）添加“消息窗口”控件，“消息框内容”为“@{text_ret}”。

（10）添加“关闭PPT文档”控件，“保存修改”设置为“True”，保存后关闭PPT文件。

（11）单击软件工具栏中的“运行”按钮或按快捷键“Ctrl+F10”，运行脚本并观察运行结果。跳出如图5-33所示对话框，显示在第一张幻灯片中第一个文本框输入的内容，打开项目目录，找到生成的“会议纪要.pdf”和导出的“会议纪要.pptx”，查看文件结果，如图5-54和图5-55所示。

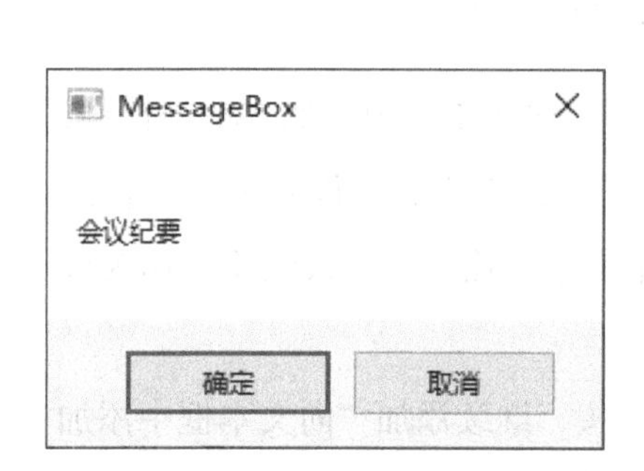

图 5-53 显示内容

图 5-54 生成的“会议纪要.pdf”

图 5-55 导出的“会议纪要.pptx”

5.4　E-mail 自动化

本节主要讲述WeAutomate设计器中电子邮件的基本操作。下面用两个案例来介绍邮件收和发的方法。

电子邮件的收发有3种方式：IMAP协议方式、POP协议方式和Outlook方式。其中Outlook方式是借助Office中的Outlook来收发邮件，操作简单，但是需要有一个设置好的Outlook软件，对机器环境要求比较固定，不便于将流程程序分享给其他人，而主流邮箱服务都推荐使用安全性更高的IMAP协议，所以本文仅介绍IMAP协议接收邮件的方法。

在操作电子邮箱之前，应设置好邮箱的授权码，因为在使用第三方软件访问邮箱时，并不像网页或手机应用访问那样使用用户名和密码来登录，而是使用授权码代替密码。下面以QQ邮箱为例，讲解如何设置授权码。用户登录QQ邮箱后，找到邮箱设置，根据设置帮助获取授权码，这是一个16位的字符串，将其保存好，如图5-56所示。

图 5-56　设置好邮箱的授权码

将邮箱授权码保存在“全局参数”中，方便在流程中引用，如图5-57所示。

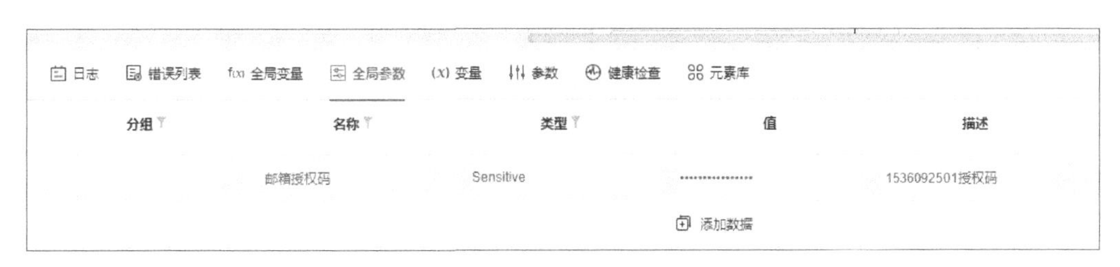

图 5-57　“全局参数”中的授权码

参数“名称”是“邮箱授权码”，类型一定要设置为“sensitive”敏感数据类型，专用于密码的保存，值为接收到的“授权码”。

进入邮箱，给自己发送一封“主题”是“RPA测试”，正文内容是“使用rpa接收邮件”的邮件，如图5–58所示。

图 5–58　邮件测试

发送后，邮箱会有一封未读邮件，如图5–59所示。

收件箱 (共 1216 封，其中 未读邮件 1 封)

删除 | 彻底删除 | 转发 | 举报 | 全部标为已读 | 标记为...

发件人	主题
今天 (1 封)	
谢生	RPA测试 - 使用rpa接收邮件
更早 (24 封)	
吴涵	网页设计期末

图 5–59　未读邮件

下面用WeAutomate软件来接收邮件。

【案例5.8】使用IMAP协议方式接收邮件，设置如图5–60所示。

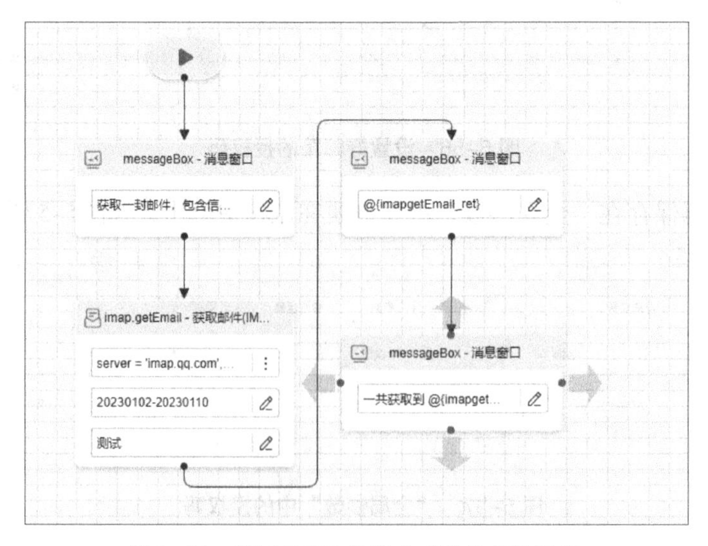

图 5–60　使用 IMAP 协议方式接收邮件设置

操作步骤如下。

（1）创建脚本，命名为“IMAP接收邮件”，“开发者”和“描述”中的内容选填。

（2）添加“消息窗口”控件，“消息框内容”设置为“获取一封邮件，包含信息和附件，保存到项目目录.”，告诉用户邮件将会接收并保存在项目目录。

（3）添加“获取邮件（IMAP）”控件，邮件相关信息会保存在对象“imapgetEmail_ret”中，如图5-61所示。

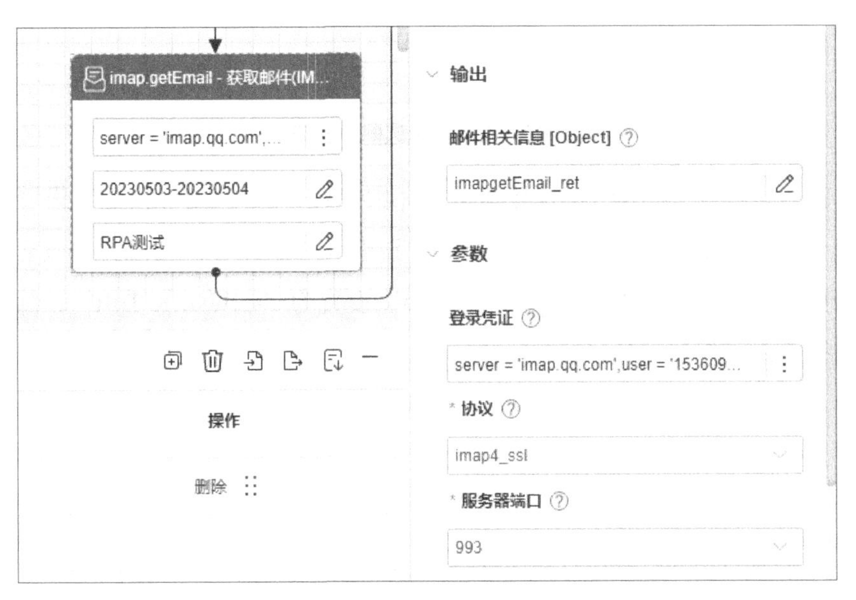

图 5-61　添加“获取邮件（IMAP）”控件

设置“登录凭证”，单击旁边的3个点按钮，打开详细设置，“邮箱服务器”为“imap.qq.com”，“邮箱账号”是接收邮件的邮箱账号，“邮箱密码”设置为全局参数“@{邮箱授权码}”，如图5-62所示。

图 5-62　设置“登录凭证”

“筛选日期”设置为“20230503-20230504”，接收5月3日到5月4日的邮件，“筛选主题”可以设置为“RPA测试”，单击“其他筛选条件”旁边的3个点按钮进入详细设置，

“筛选邮件状态”为“unread”，仅接收未读邮件，如图5-63所示。

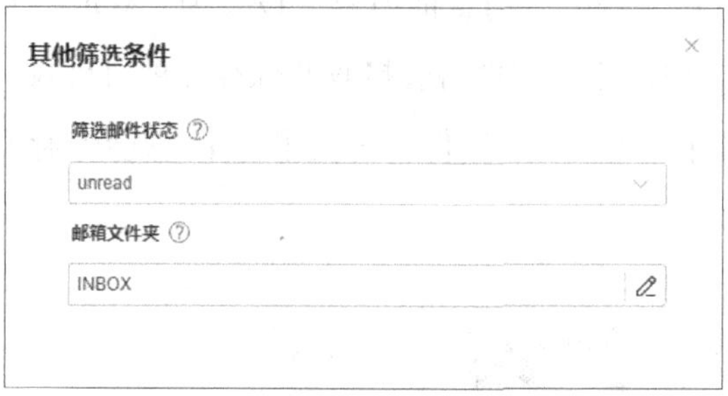

其他筛选条件
筛选邮件状态
unread
邮箱文件夹
INBOX

图 5-63 设置“筛选邮件状态”

单击“接收设置”旁边的3个点按钮进入详细设置，“筛选邮件模式”设置为“all”，获取所有符合条件的邮件；“不改变邮件状态”设置为“true”，未读邮件接收后仍然是未读状态，否则将变成已读邮件；“邮件存放路径”设置为“@{WORK_DIR}”，邮件信息就放在项目路径中，如图5-64所示。

接收设置
筛选邮件模式
all
* 不改变邮件状态
true
筛选邮件内容类型
all
邮件存放路径
@{WORK_DIR}
全局搜索
False

图 5-64 “接收设置”详情

（4）添加“消息窗口”控件，设置“消息框内容”为“@{imapgetEmail_ret}”，显示接收到的邮件信息。

（5）添加“消息窗口”控件，设置“消息框内容”为“一共获取到 @{imapgetEmail_ret.num} 封邮件。发件人：@{imapgetEmail_ret[“emails”][0][“sender”]}. 主题是：@{imapgetEmail_ret[“emails”][0][“subject”]}”，显示我们接收到的邮件的统计信息，通过解析@{imapgetEmail_ret}变量获得。

（6）单击软件工具栏中的“运行”按钮或按快捷键“Ctrl+F10”，运行脚本并观察运行结果。首先弹出如图5–65所示对话框，告诉用户接收到邮件的情况；其次弹出如图5–66所示对话框告诉邮件详情。打开项目目录，找到邮件保存目录，它是一个以邮件发送时间为开头的目录，打开邮件能看到接收邮件的正文和附件，如图5–67所示。

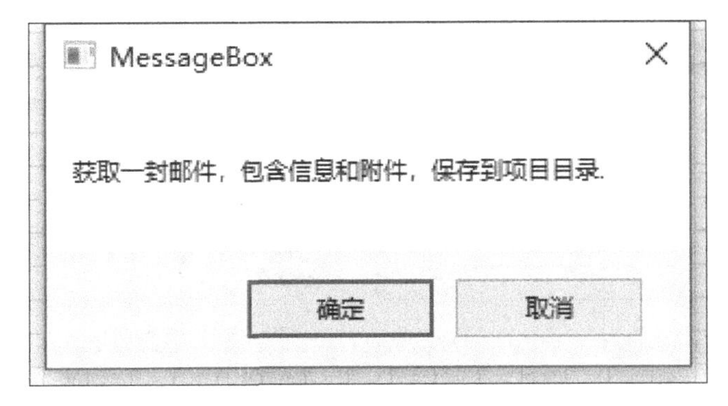

图5–65　接收到邮件

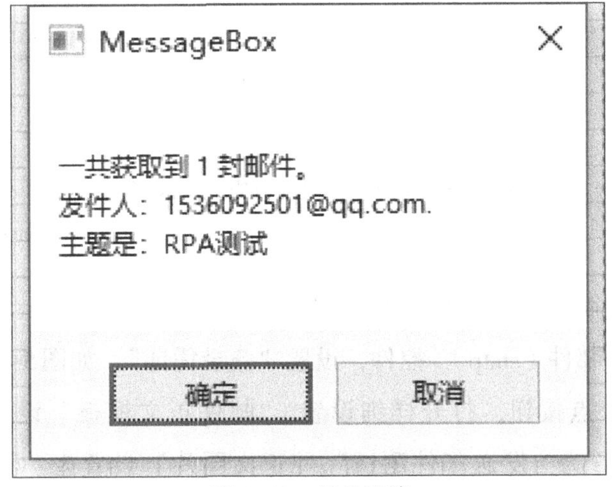

图5–66　邮件详情

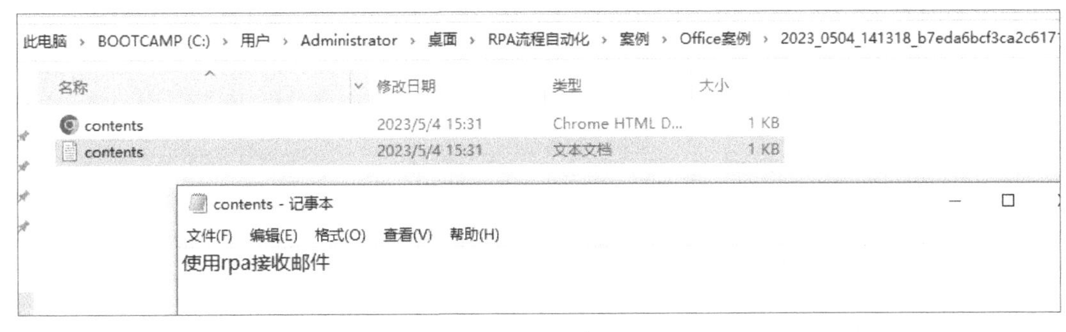

图5–67　邮件目录

下面我们用WeAutomate软件来发送邮件。

【案例5.9】使用SMTP协议方式发送邮件，如图5-68所示。

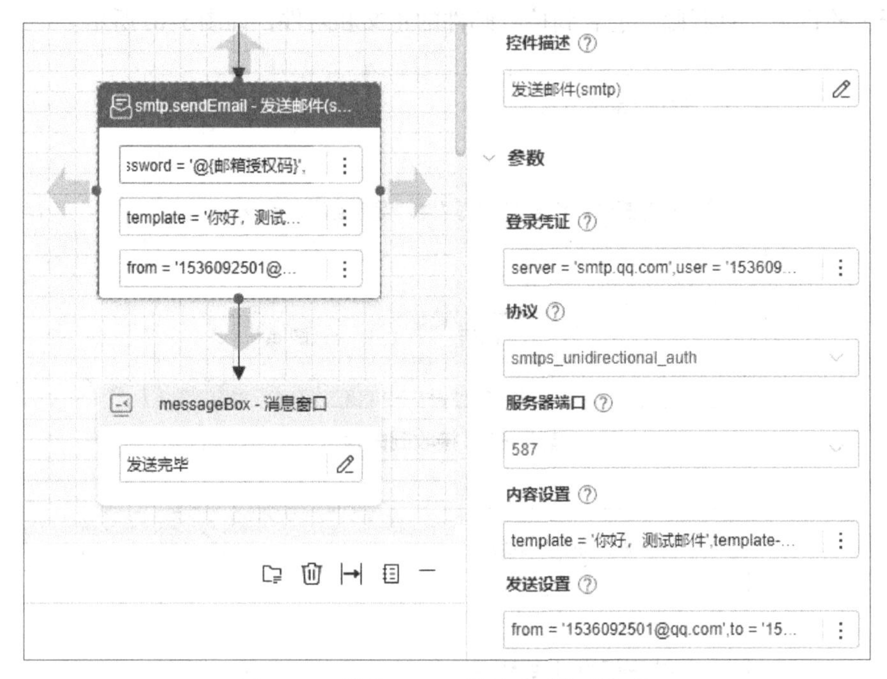

图5-68 使用SMTP协议方式发送邮件

操作步骤如下。

（1）创建脚本，命名为“SMTP发送邮件”，“开发者”和“描述”中的内容选填。

（2）添加“发送邮件（smtp）”控件，设置“登录凭证”，如图5-69所示。单击“内容设置”旁边的3个点按钮，打开详细设置，“邮件正文模板”设置为“你好，测试邮件”，“主题”设置为“发送邮件测试”，“正文图片”设置为“@{WORK_DIR}\占位图.png”，“邮件附件”设置为“@{WORK_DIR}\替换图.png”，如图5-70所示，这是发送邮件的主要内容。

图5-69 登录凭证

图 5–70　内容设置

“发送设置”的详细设置，“发件人”和“收件人”都是自己的邮箱，如图5–71所示。

图 5–71　发送设置

（3）添加“消息窗口”控件，设置“消息框内容”为“发送完毕”，提示用户邮件发送完毕。

（4）单击软件工具栏中的“运行”按钮或按快捷键“Ctrl+F10”，运行脚本并观察运行结果。弹出邮件发送完毕对话框，打开邮箱检查，看到新发送的邮件，如图5–72和图5–73所示。

收件箱 (共 1218 封，其中 未读邮件 3 封)

删除 彻底删除 转发 举报 全部标为已读 标记为… 移

发件人	主题
今天 (3 封)	
i新生	发送邮件测试 - 你好，测试邮件
QQ邮箱团队	更安全、更高效、更强大，尽在QQ邮箱A
i新生	RPA测试 - 使用rpa接收邮件

图 5-72　收件箱

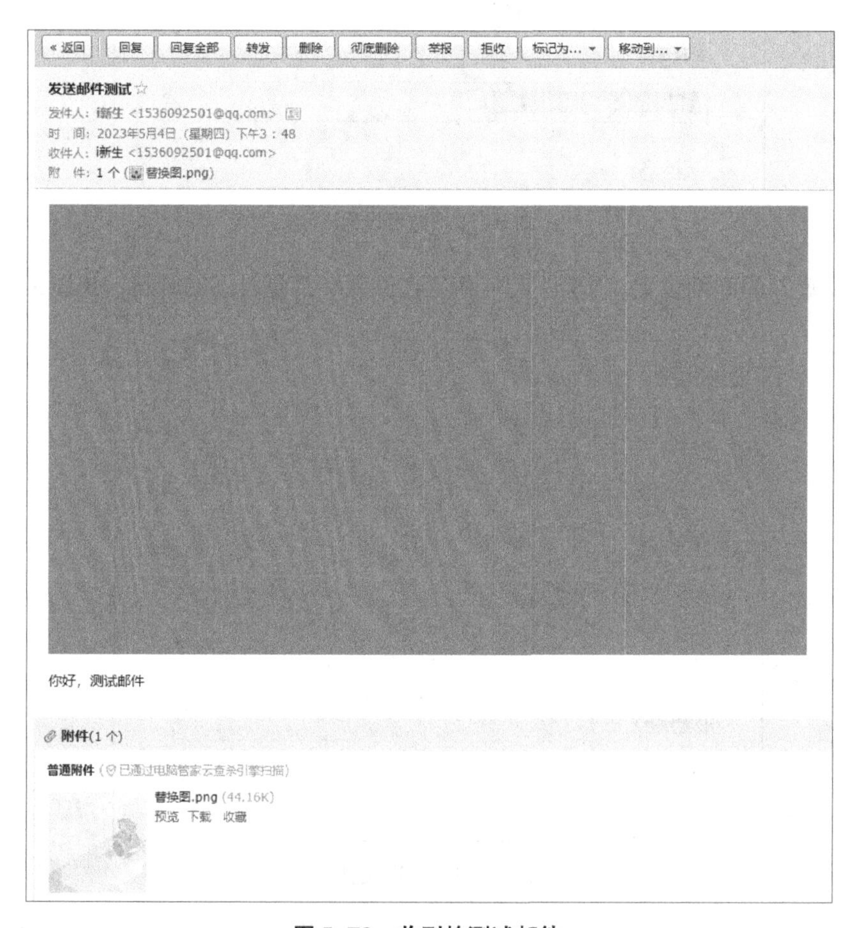

图 5-73　收到的测试邮件

第6章　文件操作流程

RPA软件还能帮助用户操作以下文件。

（1）数据处理：RPA软件可以自动化执行各种数据处理任务。例如，数据清洗、格式化、转换、归档等，提高了数据处理的效率和准确性。

（2）文件批量处理：RPA软件可以批量处理文件。例如，批量修改文件内容、批量压缩文件、批量删除文件等，提高了文件的处理效率。

（3）文件备份与恢复：RPA软件可以备份和恢复文件，确保文件的安全性和可靠性。备份文件可以用于数据恢复，避免数据丢失。

（4）文档格式转换：RPA软件可以将文档从一种格式转换为另一种格式。例如，将Word文档转换为PDF文档，将Excel表格转换为图表等，提高了文档处理的灵活性和效率。

总之，RPA软件在文件处理、文件传输、文档格式转换等方面都有很广泛的应用。

6.1　文件的综合操作

在WeAutomate软件左侧的控件栏中，可以看到所有的可用控件，也包括“系统”类控件下面的“文件处理”控件，如图6-1所示。

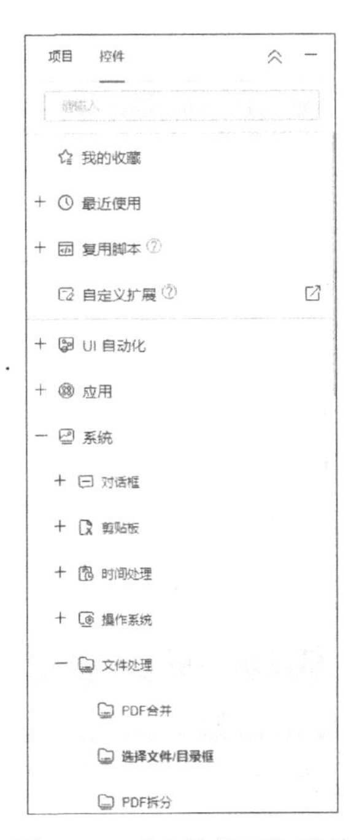

图6-1　“文件处理”控件

通过这些控件，完成一个综合案例来学习使用文件的日常基本操作。

【案例6.1】用WeAutomate自动检查作业上交情况。操作方法为：先选择作业存放目录，然后选择成绩单文件和sheet，作业文件前十位是学号，后面是姓名，根据作业目录名或文件名，获得学生学号和姓名，在成绩单中查找，找到行数，在成绩单元格中加上分数或次数。分数需要预先给0分，一次作业加5分。如果在成绩表中没有找到学号，会将错误文件记录在“错误名单.txt”文件中。这个案例会结合文件和Excel操作。完成后的脚本如图6-2所示。

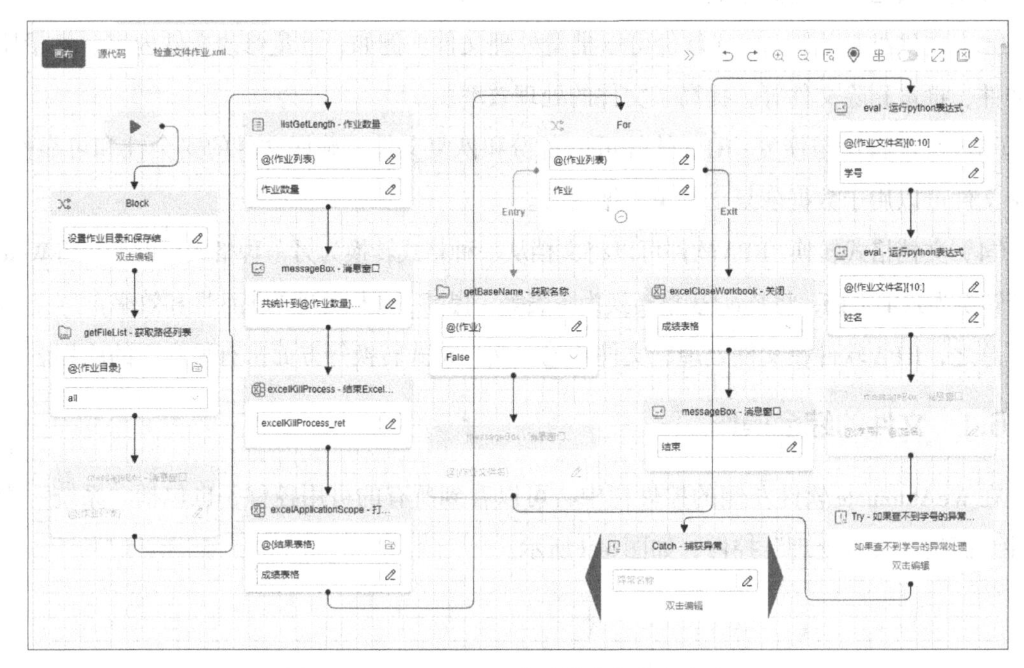

图6-2 WeAutomate 自动检查作业上交情况

操作步骤如下。

（1）创建脚本，命名为“检查文件作业”，“开发者”和“描述”中的内容选填。

（2）准备需要的文件。在项目目录中准备一个名为“作业目录”的文件夹，里面放入一些作业文件，可以是压缩文件也可以是目录，主要是通过文件名或目录名来获取作业文件清单，可以不检查后缀，不区分文件和目录，以减少收集和整理文件的麻烦，文件结构如图6-3所示，Excel的格式内容如图6-4所示。

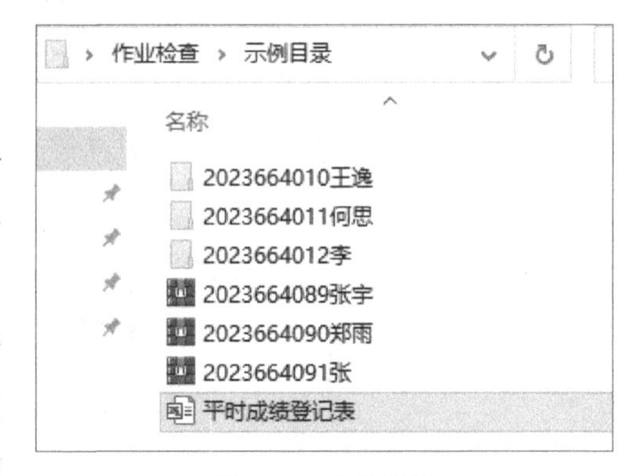

图6-3 文件结构

平时成绩登记表

2022-2023学年第1学期

班级:　　　　　　　　　　课程名称:　　　　　　　　　　总学时: 32

序号	学号	姓名	考勤											作业					
			1	2	3	4	5	6	7	8	9	10	分值(20)	1	2	3	4	5	分值(40)
10	2023664010	王逸	√	√	k								0						0
11	2023664011	何思	√	√									0						0
12	2023664012	李	√	√									0						0
13	2021664013	王东	√	√									0						0
	2021664089	张宇											0						0
	2021664090	郑雨											0						0

图 6-4　Excel 的格式内容

限于篇幅，作业文件准备了一次作业的6份文件，收集后将统计结果存入成绩登记表，中间会考虑作业文件和名单无法对应的情况，错误情况将保存在一个文本文件中，从图6-4中可以看到，作业中的“张”在成绩单中没有，成绩单中的“王东”在作业目录中没有，作为测试脚本容错测试使用。

（3）在开始按钮后面添加“功能块”控件，“语句块名称”设置为“设置作业目录和保存结果的表格、sheet”，如图6-5所示。

图 6-5　添加“功能块”控件

语句块控件表示内部保存一些控件，方便流程统一管理，内部可以包含其他任意控件，有完整的功能。

该语句块将在自动化运行前询问用户作业保存的目录，以及要操作的记录成绩的Excel文件位置和sheet页名称。

（4）双击语句块，添加第一个控件“消息窗口”，“消息框内容”设置为“设置作业的目录，和保存结果的表格文件及sheet”，先给用户一个提示，否则用户在后面的操作中会出现误解。

紧接着添加“选择文件/目录框”控件，“文件或目录名称”设置为“作业目录”，保存在选择的作业目录的路径位置，“对话框类型”设置为“dir”，如图6-6所示。

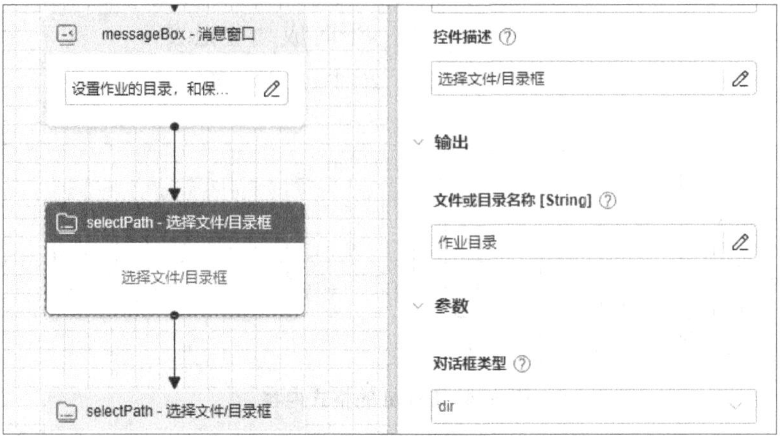

messageBox - 消息窗口
设置作业的目录，和保...
selectPath - 选择文件/目录框
选择文件/目录框
selectPath - 选择文件/目录框
控件描述
选择文件/目录框
输出
文件或目录名称 [String]
作业目录
参数
对话框类型
dir

图 6–6　“选择文件 / 目录框”控件设置

“对话框类型”属性是选择打开对话框的类型，填写“file”时，打开文件选择对话框，填写“dir”或“folder”时，打开文件夹选择对话框。

再添加一个同样的“选择文件/目录框”，这次要保存的是成绩单Excel文件的位置，注意是一个文件而不是一个目录。“文件或目录名称”设置为“结果表格”，“对话框类型”设置为“file”，“基准路径”设置为“C:\Users\Administrator\Desktop”。基准路径选择文件对话框的基准路径，从这里开始选择文件。

接下来添加“输入对话框”控件，“对话框内容”设置为“sheet页名称”，将保存打开Excel文件的sheet页名称。“输入标签内容”设置为“输入sheet页名称，可以不填为空”。保存成绩单，每个班都保存在不同的sheet页中，避免出现多个Excel文件。

最后添加一个“消息窗口”控件，输出选择好的作业目录和成绩单路径，让用户确认。脚本结果如图6–7所示。

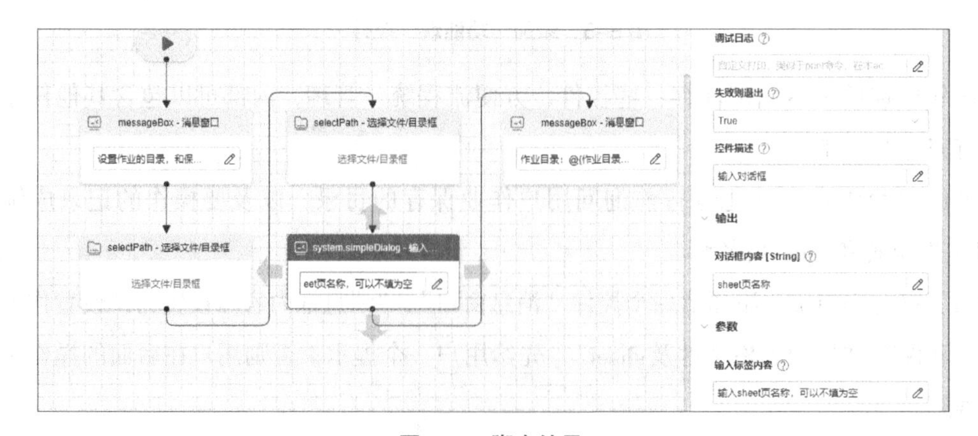

图 6–7　脚本结果

（5）现在要返回主脚本，单击左上角的“检查文件作业.xml”，如图6–8所示。

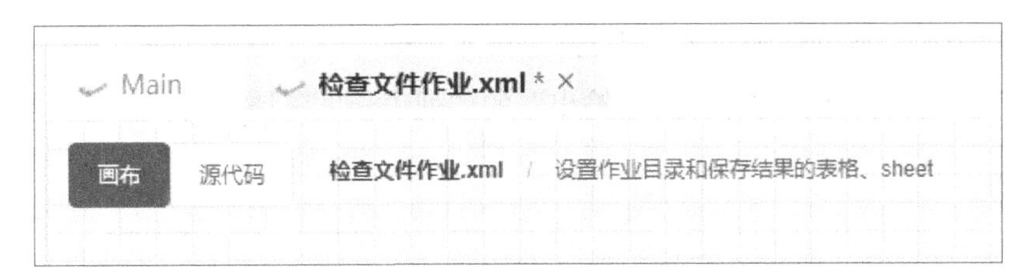

图 6–8　“检查文件作业 .xml”

现在已经获得了作业目录和成绩单的文件路径，开始统计作业。

在“功能块”控件后面添加“获取路径列表”控件，输出结果为“路径列表”属性的“作业列表”变量，这是一个数组，所有的作业路径都会保存在这个数组中，包括目录和文件。“文件夹路径”设置为“@{作业目录}”，“列表内容”设置为“all”，“全路径”设置为“True”，“排序依据”设置为“name”，“排序方式”设置为“ascending”，如图6–9所示。

图 6–9　输出结果为“路径列表”的“作业列表”

重要属性说明：路径列表将保存获取到的文件或者文件夹的路径列表，默认将返回值存储在变量file_list中。文件夹路径设置需要获取文件和文件夹列表的目标文件夹路径，必需参数。列表内容属性选择要获取的列表内容，默认获取文件，all代表文件和目录都选择。

（6）继续添加一个“消息窗口”控件，“消息框内容”设置为“@{作业列表}”，将上一步的结果显示出来检查一下，如图6–9所示。

（7）继续添加“获取列表长度”控件，“输入”的“列表对象”是“@{作业列表}”，检查获取到了多少份作业，并保存在“输出”的“列表长度”属性的“作业数量”中，如图6-10所示。

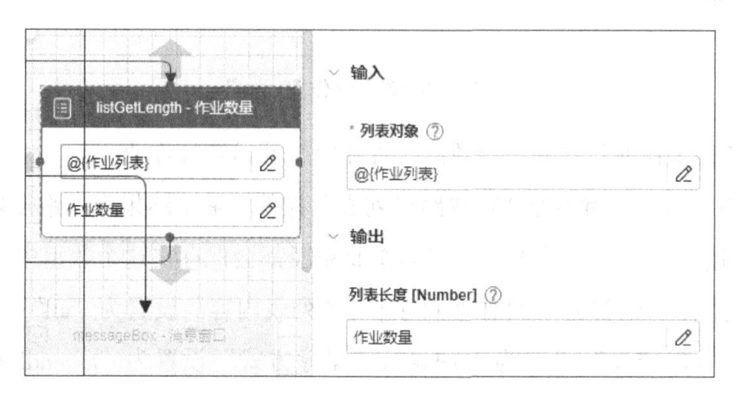

图 6-10 获取列表长度

（8）继续添加“消息窗口”控件，“消息框内容”设置为“共统计到@{作业数量}个作业文件”。应该将每个重要步骤的结果都告诉用户，以免最后的结果不符合预期，不知道是中间哪一步出了错。

（9）接下来准备操作Excel文件，先添加一个“结束Excel进程”控件。

（10）添加“打开Excel文件”控件，“Excel文件对象别名”设置为“成绩表格”，后面备用。“打开方式”设置为“Excel”，“Excel文件路径”设置为“@{结果表格}”，“sheet页名称”设置为“@{sheet页名称}”，“是否可见”设置为“False”，其他设置默认。

（11）接下来使用循环来遍历作业列表并写入Excel文件。添加“计次循环”控件，“数据结合”设置为“@{作业列表}”，“条目名称”设置为“作业”。

进入循环体的第一个控件，添加“获取名称”控件，“名称结果”设置为“作业文件名”，“路径”设置为“@{作业}”，“包含扩展名”设置为“False”，如图6-11所示。

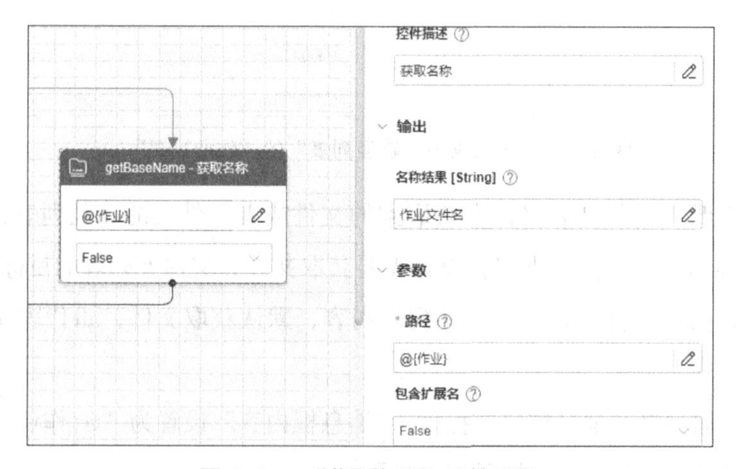

图 6-11 “获取名称”控件设置

“获取名称”控件用于获取指定路径的文件或文件夹的名称。获取文件或文件夹的名称后，默认将返回值存储在变量base_name中。

继续添加“消息窗口”控件，“消息框内容”设置为“@{作业文件名}”，这是上一步获取名称的结果，查看是否为作业文件名。

（12）添加“运行python表达式”控件，“执行结果”是“学号”，“表达式”是“@{作业文件名}[0：10]”，将作业文件名中的前10个字符截取出来，获得作业的学号，后面通过学号来寻找成绩单中的学号。

同样，添加“运行python表达式”控件，“执行结果”是“姓名”，“表达式”是“@{作业文件名}[10：]”，这是截取10个字符后面的字符，应该是作业对应的学生姓名，作为对学号寻找的补充。

继续添加“消息窗口”控件，“消息框内容”设置为“@{学号}，@{姓名}”，检查获取的学号和姓名是否正确。

（13）使用Try/Catch结构操作Excel的写入，如图6-12所示。

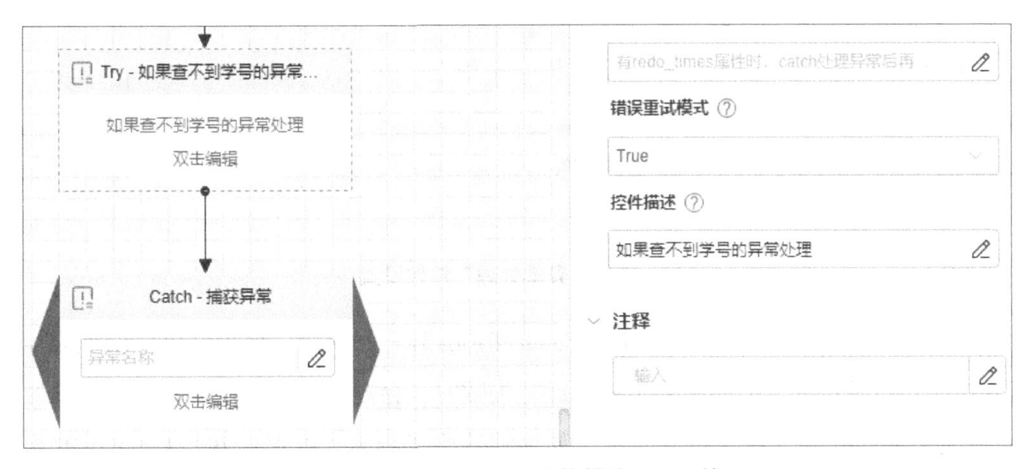

图 6-12 使用 Try/Catch 结构操作 Excel 的写入

添加“异常处理”控件，“控件描述”中输入“如果查不到学号的异常处理”，也就是说，如果在Excel表格中查不到学号，该如何处理错误。双击“异常处理”控件，它也是一个类似语句块的控件，内容有真正的功能脚本，如图6-13所示。

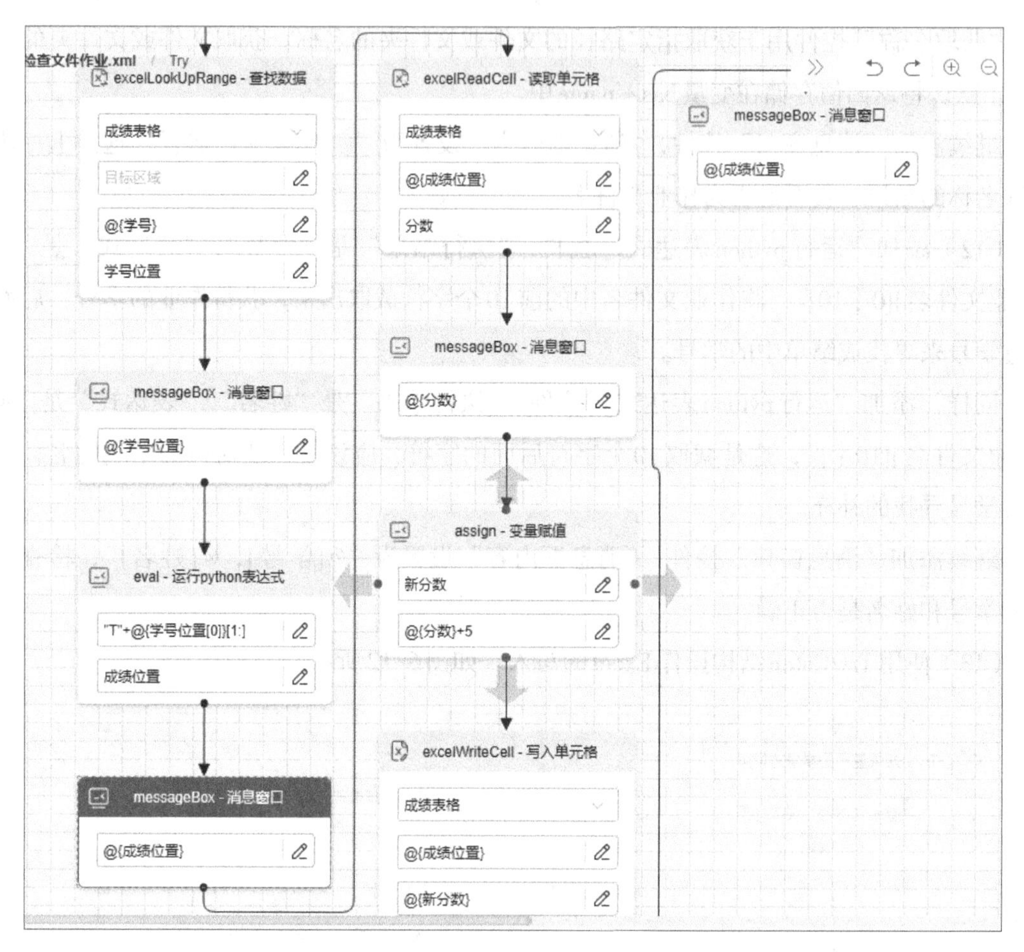

图 6–13 “异常处理”控件设置

Try异常处理语句：异常处理逻辑同Catch和Finally一起使用。该控件可以处理流程的异常情况。当该控件的子流程中某个控件运行失败时，会抛出某种特定的异常，可以通过设置Try的exception属性捕获对应异常。如果捕获到了异常，就可以执行Catch中的相应逻辑。redo_times表示如果运行出现异常，Catch处理之后重新执行Try逻辑的次数。from_error_node表示重试的时候是否从运行失败的控件开始执行。

Catch逻辑语句：异常获取控件，同Try一起使用才有效。exception取值异常类型名，取值exception时表示可以捕获所有的异常。使用变量exceptionName和exceptionMessage可以引用到异常名称和异常信息。异常名称属性需要匹配的异常名（根异常exception）。

（14）在“异常处理”控件中，第一个添加控件“查找数据”，“Excel对象”设置为“成绩表格”，这是打开的Excel成绩单的别名，“目标位置”设置为“学号位置”，这是找到的学号在Excel中的位置，再通过这个位置横向寻找成绩的相应位置填入成绩。“Sheet页名称”设置为“@{sheet页名称}”，“查找目标”设置为“@{学号}”，“查找方式”设置为“formatCell”，如图6–14所示。

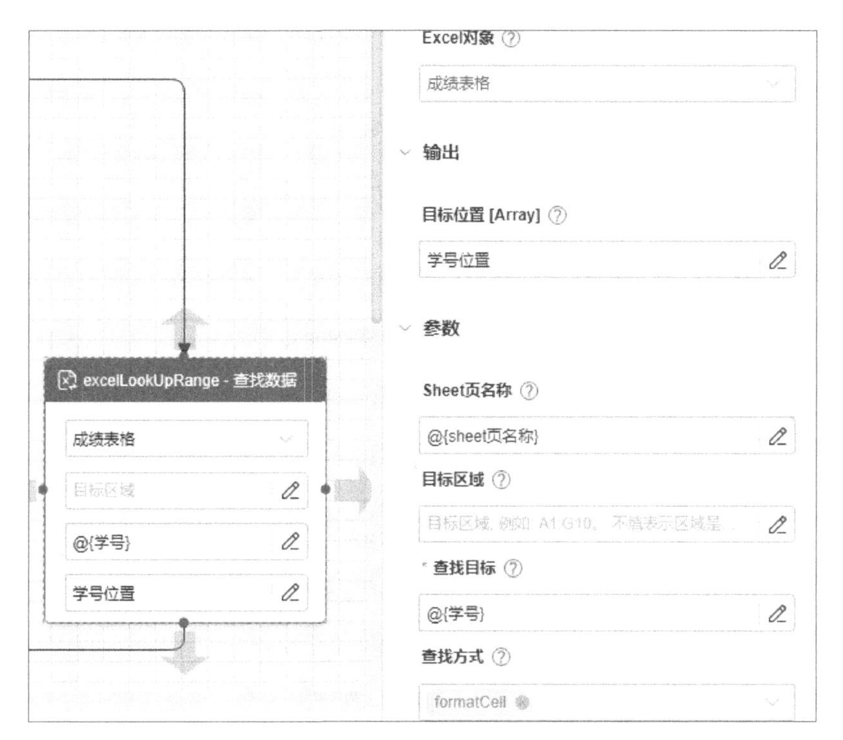

图 6-14　“异常处理”控件设置

“查找数据”控件查找内容的坐标位置，默认将返回值存储在变量excelLookUpRange_ret中，查找目标的第一个参数表示要查找的内容，第二个参数表示内容的Type，支持float和string，若第二个参数没有，则表示不区分单元格的类型。例如，查找单个数据：123.02，float或123.02。查找多个数据（多个数据不支持参数类型）：hello|123|demo。查找方式属性中，like：表示模糊查找（value可以部分匹配单元格内容），可选项；formatCell：按照单元格显示的内容来查找，可选项。

（15）添加“消息窗口”控件，“消息框内容”设置为“@{学号位置}”，检查获取的学号位置是否正确。

添加“运行python表达式”控件，“执行结果”设置为“成绩位置”，“表达式”设置为““T”+@{学号位置[0]}[1：]”，因为成绩在Excel中的“T”列，所以后面学号的行号组合成成绩的行列位置。

添加“消息窗口”控件，“消息框内容”设置为“@{成绩位置}”，检查是否找到了正确的成绩位置。

（16）添加“读取单元格”控件，“Excel对象”设置为“成绩表格”，“单元格内容”设置为“分数”，“Sheet页名称”设置为“@{sheet页名称}”，“单元格”设置为“@{成绩位置}”，“读取方式”设置为“Value”，先读取原来的成绩，再加分，如图6-15所示。

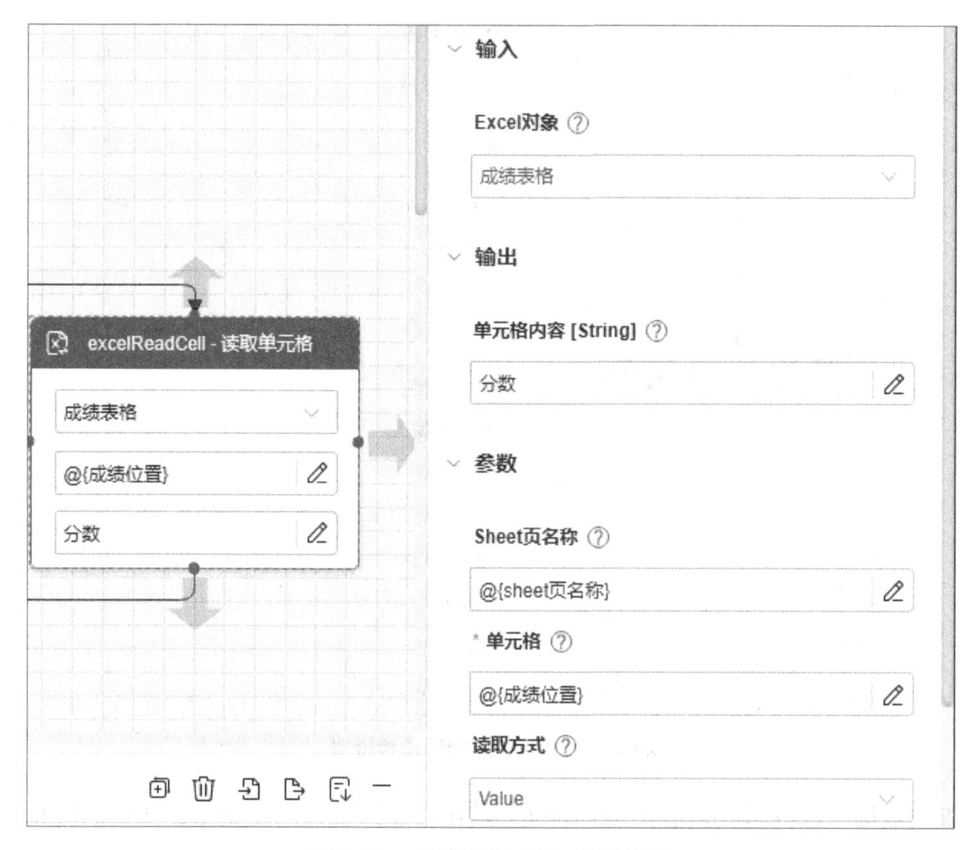

图 6-15 “读取单元格”控件设置

单元格内容属性是单个单元格的文本数据，默认将返回值存储在变量excelReadCell_ret中。读取方式是读取数据的方式。针对数字类型单元格，formatCell表示根据所显示的内容读取，结果为字符串；Value表示读取单元格的数值，结果为小数类型。

（17）添加“消息窗口”控件，“消息框内容”设置为“@{分数}”，检查获取的分数，准备加分。

添加“变量赋值”控件，“变量名”设置为“新分数”，“将输出的类型转换为”设置为“int”，由于上一步得到的分数是字符串，无法进行加法计算。“变量值”设置为“@{分数}+5”。这一步将交了作业的学号加5分。

（18）添加“写入单元格”控件，“Excel对象”设置为“成绩表格”，“Sheet页名称”设置为“@{sheet页名称}”，“目标单元格”设置为“@{成绩位置}”，“写入内容”设置为“@{新分数}”。

继续添加“消息窗口”控件，“消息框内容”设置为“@{成绩位置}”，检查在哪里加分。

（19）返回主脚本，双击“异常处理”下方添加的“捕获异常”控件，在这里处理错误的脚本，如图6-16所示。

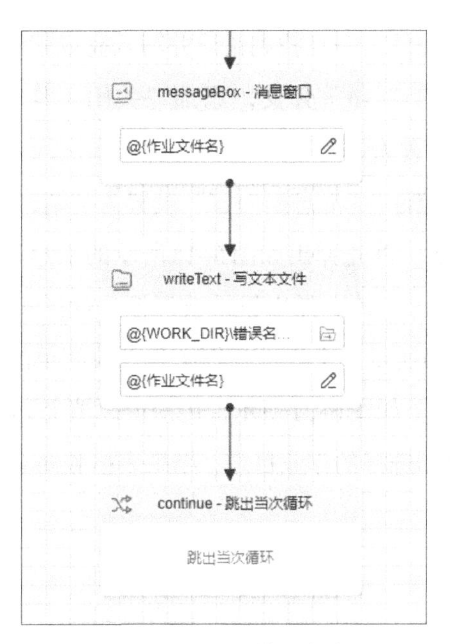

图 6–16　处理错误脚本

（20）添加“消息窗口”控件，“消息框内容”设置为“@{作业文件名}”，看看是哪一份作业出错了。

添加“写文本文件”控件，“文件路径”设置为“@{WORK_DIR}\错误名单.txt”，在当前项目目录中新建一个文本文件记录错误。“数据内容”设置为“@{作业文件名}”，“写入方式”设置为“a”，“编码设置”设置为“utf–8”，如图6–17所示。

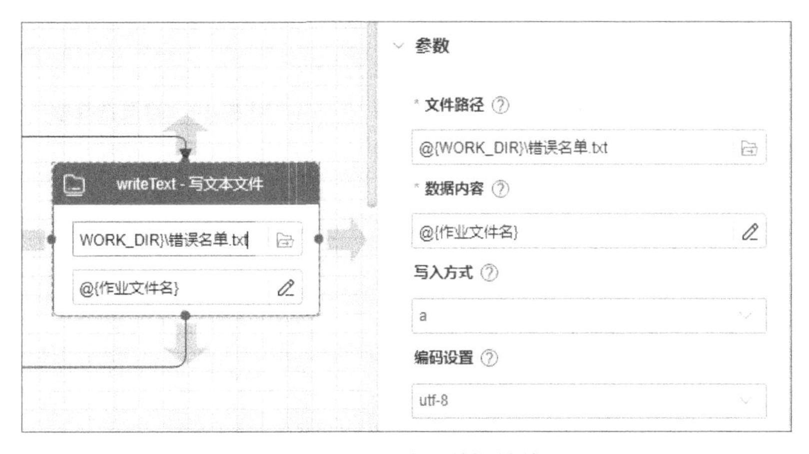

图 6–17　“写文本文件”控件设置

通过“写文本文件”控件，可将数据内容写入文本文件中，非文本文件可能会写入失败。参数写入方式：配置写入方式。取值方式：w/a/wb/ab，默认w，w清空写，a追加写，wb二进制写，ab二进制追加写。编码设置可配置写入编码，取值方式为utf–8/gb2312/gb18030，默认为utf–8。

添加“跳出当次循环”控件，一旦找到错误并写入完成就继续检查其他作业。

（21）在“计次循环”的“exit”分支，添加“关闭工作簿”控件，关闭Excel文件“成绩表格”，“保存文件”设置为“True”。

继续添加“消息窗口”控件，“消息框内容”设置为“结束”，通知用户统计完毕。

（22）开始运行这个脚本。首先弹出如图6–18所示的消息窗口，显示要选择作业和成绩单路径，单击确定继续运行。其次弹出目录选择框，如图6–19所示，找到作业的保存目录“示例目录”。在图6–20所示的文件选择框中找到成绩单的Excel文件，在弹出的对话框中选择Excel的sheet页名称。如图6–21所示，用户可以填上1也可以不填，继续操作弹出图6–22所示的消息窗口，显示选择的作业目录、结果表格和sheet页名称。

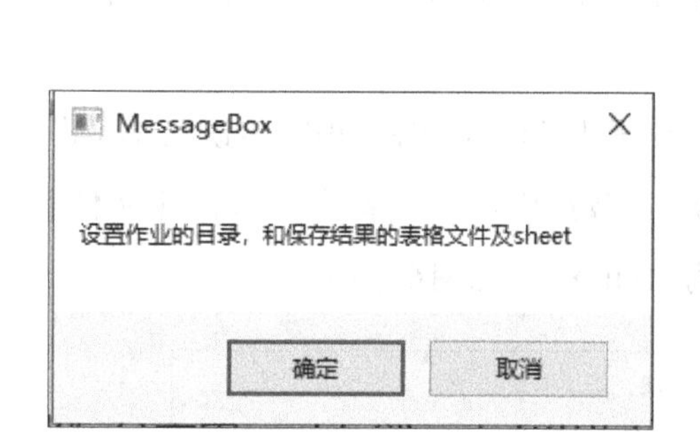

图 6–18　消息窗口

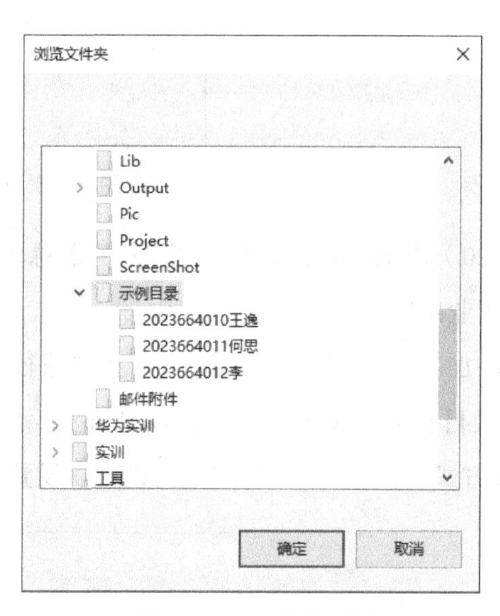

图 6–19　目录选择框

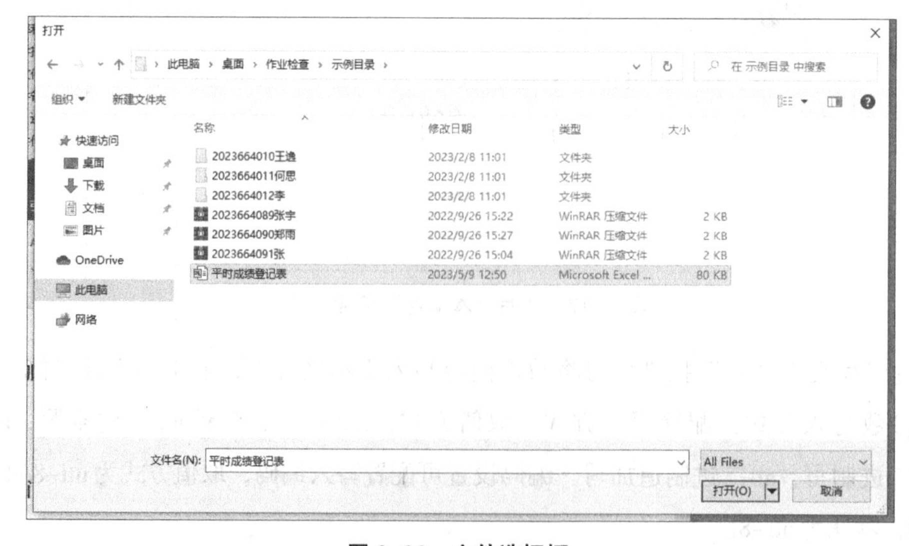

图 6–20　文件选择框

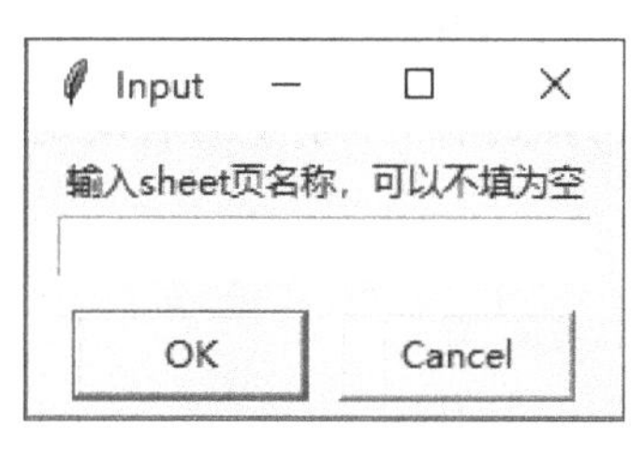

图 6–21　对话框

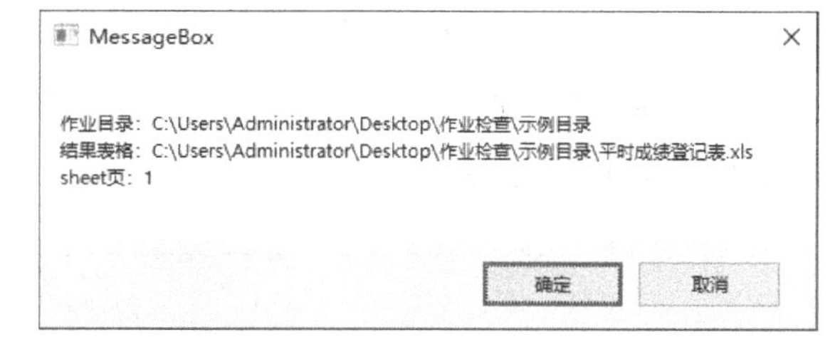

图 6–22　结果和 sheet 页名称

很快弹出下一个消息窗口，如图6–23所示，这是找到的7个成绩文件，其中的误会是，成绩单也被当成了作业文件。下一个消息窗口告诉我们找到7个作业，如图6–24所示。

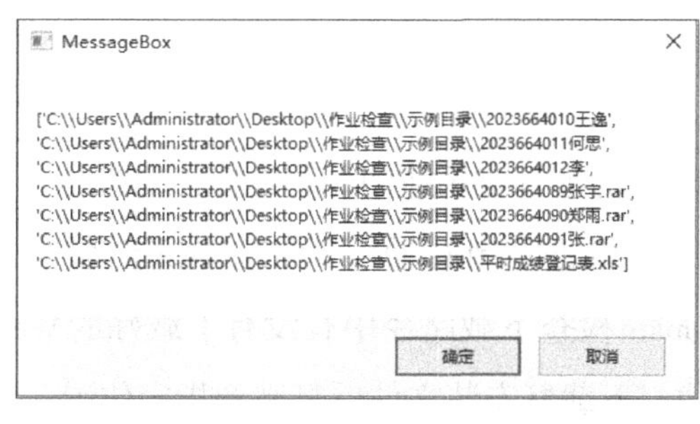

图 6–23　消息窗口

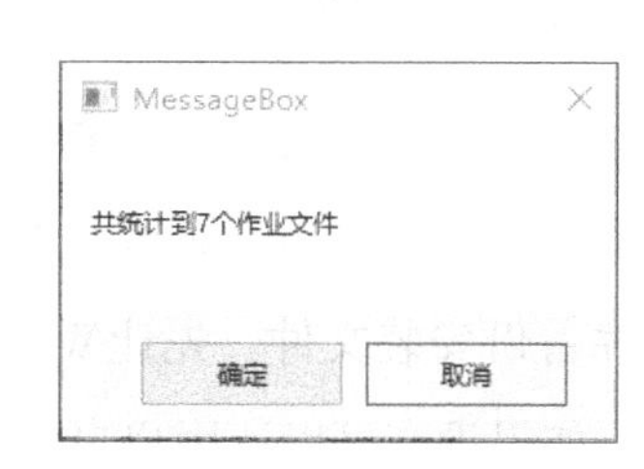

图 6–24　结果

遍历和读写Excel流程会有点慢，弹出的消息窗口如图6–25所示，这是第一个作业文件的文件名。分割解析其中的学号和姓名，如图6–26所示。接下来的消息窗口显示此学号的位置是“B6”，如图6–27所示。通过位置定位到成绩的单元格是“T6”，如图6–28所示。这里原来的成绩是0分，如图6–29所示。接下来的写入操作是静默操作，会进入下一个作业的操作。

图 6–25　作业文件的文件名

图 6–26　分割解析学号和姓名

图 6–27　消息窗口

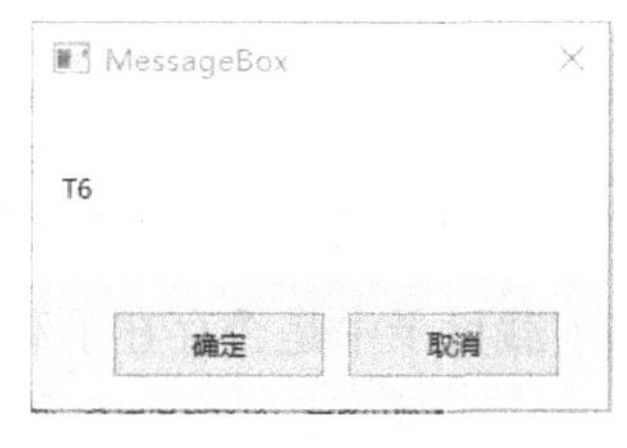

图 6–28　定位单元格

图 6–29　成绩提示窗口

直到出现“结束”的消息窗口。检查成绩单和错误记录，如图6-30所示。它记录了4个成绩错误，前面3个是学号不对应，在Excel文件的T列看到前3个学生的成绩是5分，而后面3个学生是0分，没有找到作业。

平时成绩登记表

班级：

序号	学号	姓名	分值（40）
10	2023664010	王逸	5
11	2023664011	何思	5
12	2023664012	李	5
13	2021664013	王东	0
	2021664089	张宇	0
	2021664090	郑雨	0

2023664089张宇
2023664090郑雨
2023664091张
平时成绩登记表

图 6–30　检查成绩单和错误记录

6.2　文件基本操作

下面介绍WeAutomate在文件赋值粘贴运行等日常用途中的使用方法。

【案例6.2】完成WeAutomate的安装。继前面章节自动下载好安装文件后，下面自动安装软件并备份安装文件。先让WeAutomate检查下载路径中有没有下载好的WeAutomate安装文件，如果没有可以让用户自己下载，下载好安装文件后复制到指定位置，压缩，归档，然后运行安装文件，如图6-31所示。

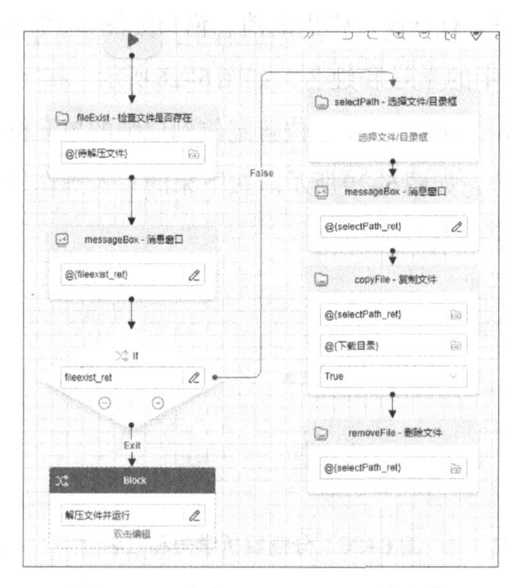

图 6–31　完成 WeAutomate 的安装

操作步骤如下。

（1）创建脚本，命名为“文件操作”，“开发者”和“描述”中的内容选填。

（2）添加“检查文件是否存在”控件，检查下载目录中是否存在下载好的安装文件压缩包，结果保存在“文件存在”属性的“fileexist_ret”变量中，“资源文件路径”设置为

“C:\Users\Administrator\Downloads\WeAutomate_Studio_V3.3.0_Windows.zip”，这是安装压缩包下载到“下载”文件夹时的路径。文件存在属性检查文件是否存在，默认将返回值存储在变量 fileexist_ret 中。“资源文件路径”是要检查的文件路径，此为必填参数。

添加一个“消息窗口”控件来显示这一步的结果“fileexist_ret”，“消息框内容”为“@{fileexist_ret}”，如图 6–32 所示。

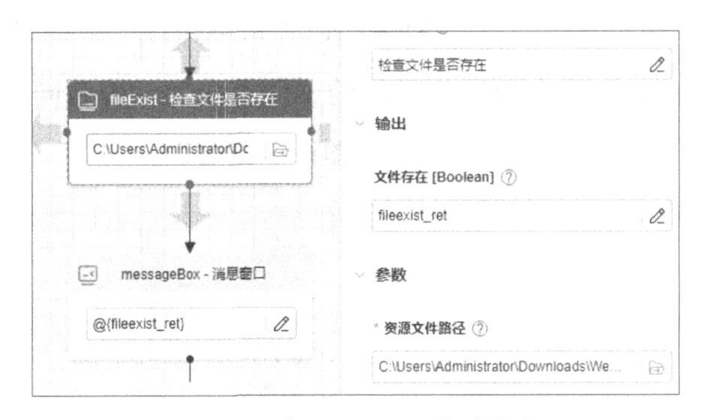

图 6–32　“fileexist_ret”消息窗口

（3）添加“条件分支”控件，“条件表达式”设置为“fileexist_ret”，也就是上一步的结果，为“True”就是在下载目录里面找到了安装文件压缩包，我们直接解压文件，并执行即可。

（4）添加“解压文件”控件，进入“条件分支“的“条件成立”分支。“解压路径”设置为“C:\Users\Administrator\Downloads”，这是下载目录的路径，“待解压文件”设置为“C:\Users\Administrator\Downloads\WeAutomate_Studio_V3.3.0_Windows.zip”。

添加“运行应用程序”控件，“程序名称”设置为“C:\Users\Administrator\Downloads\WeAutomate_Studio_V3.3.0.exe”，如图 6–33 所示。

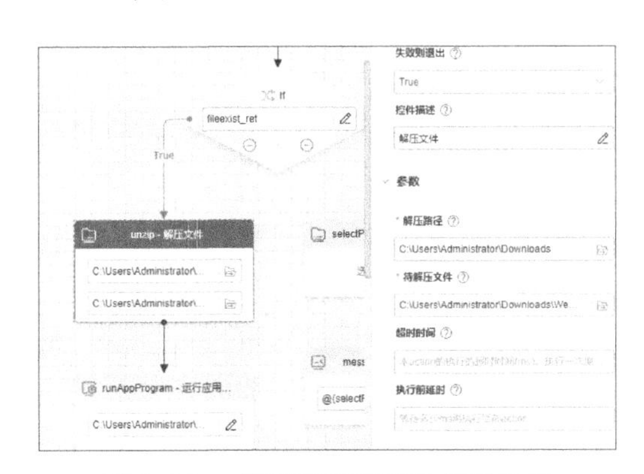

图 6–33　“运行应用程序”控件设置

（5）在“条件分支”控件右侧添加“选择文件/目录框”控件，进入“条件不成立”的分支。“对话框类型”为“文件”。

添加“消息窗口”控件来显示这一步的结果“selectPath_ret”变量，“消息框内容”设置为“@{selectPath_ret}”，这是找到压缩包文件的绝对路径。

找到压缩包后，把它赋值到下载目录并解压，删掉刚才找到的压缩包节省空间。添加“复制文件”控件，“资源文件路径”设置为“@{selectPath_ret}”，“目标路径”设置为“C:\Users\Administrator\Downloads”，“覆盖文件”设置为“True”。复制文件的参数文件路径，是复制文件生成的文件路径，默认将返回值存储在变量 copyfile_ret 中。“资源文件路径”是要复制的资源文件的全路径，为必填参数。“目标路径”是将文件复制到该目录中，为必填参数。“重命名文件”参数可以给复制的文件重命名。覆盖同名文件，如果文件存在且不允许覆盖，则在文件名后加上后缀，如图 6–34 所示。

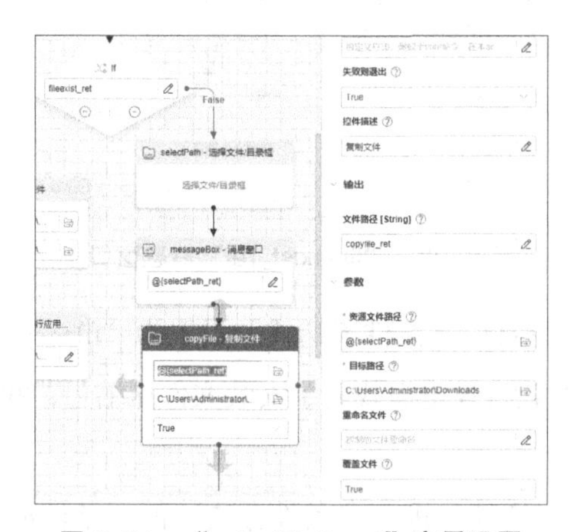

图 6–34 “selectPath_ret”变量设置

（6）添加“删除文件”控件，“文件路径”是“@{selectPath_ret}”。添加“解压文件”控件和“运行应用程序”控件，这两个控件可以从之前的“条件成立”分支中拷贝过来，如图 6–35 所示。

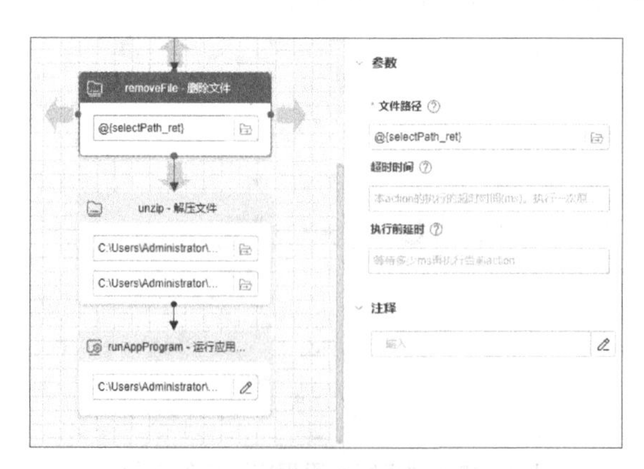

图 6–35 “删除文件”控件设置

（7）对整个流程做两个优化，一个是使用了很多绝对路径，导致一些参数的字符串太长，可以设置为全局参数；另一个是可以将重复使用的“解压文件”控件和“运行应用程序”控件做成子模块。

全局参数如下。

名称：下载目录，类型：String，值：C:\Users\Administrator\Downloads。

名称：待解压文件，类型：String，值：C:\Users\Administrator\Downloads\WeAutomate_Studio_V3.3.0_Windows.zip。

名称：程序名称，类型：String，值：C:\Users\Administrator\Downloads\WeAutomate_Studio_V3.3.0.exe。

如图6–36所示，将流程中相应的路径全部换成全局参数的写法。

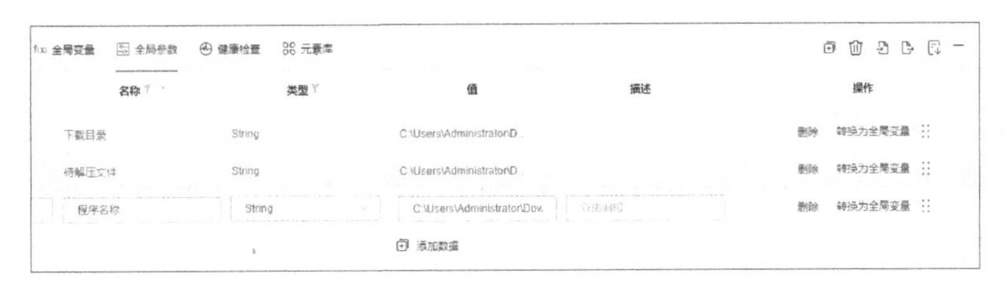

图 6–36　流程优化

按住“Ctrl”键选中“解压文件”控件和“运行应用程序”控件，在右键菜单中选择“转换为功能块”，命名为“解压文件并运行”，如图6–37和图6–38所示。

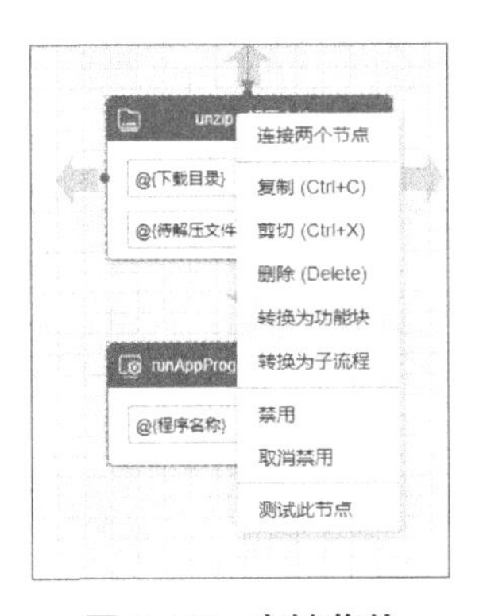

图 6–37　右键菜单

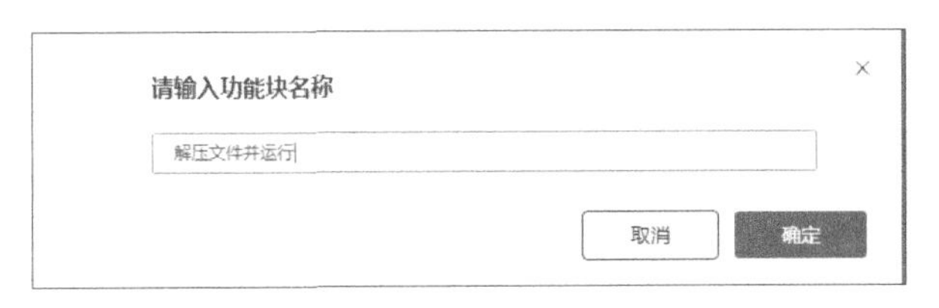

图 6–38　功能块名称

将这个功能块移动到“条件分支”的“退出判断”的分支，并删除“条件分支”的“条件不成立”中的“解压文件”控件和“运行应用程序”控件。流程结果如图6–31所示。

（8）运行流程做测试。先确保下载目录中有压缩包，测试条件成立的分支，再测试下载目录中没有压缩包，需要从用户选择的路径中拷贝过来的情况，请自行探索。

参考文献

[1] 王宇韬，王皓，张鹤藐. Python自动化办公与RPA从入门到实战[M]. 北京：机械工业出版社，2022.

[2] 邵京京，白晶茹. UiPath RPA开发：入门、实战与进阶[M]. 北京：机械工业出版社，2021.

[3] 李福，杨则文. RPA财务机器人应用与开发[M]. 大连：东北财经大学出版社，2021.

[4] 柴娟伟. RPA（流程自动化机器人）入门——手把手教你应用UiPath自动化工作[M]. 北京：电子工业出版社，2020.

[5] 张丽蓝，郭宇博，徐锐，等. RPA实施方法论[M]. 北京：机械工业出版社，2022.